兴林富民实用技术丛书

图说 油茶
高效生态栽培

浙江省林业厅 组编

浙江科学技术出版社

图书在版编目(CIP)数据

图说油茶高效生态栽培 / 姚小华主编. —杭州：浙江科学技术出版社，2009.5(2018.11重印)
(兴林富民实用技术丛书 / 浙江省林业厅组编)
ISBN 978-7-5341-3454-8

Ⅰ.图… Ⅱ.姚… Ⅲ.油茶—栽培—图解 Ⅳ.S794.4-64

中国版本图书馆 CIP 数据核字 (2008) 第 164204 号

丛书名	兴林富民实用技术丛书
书　名	图说油茶高效生态栽培
组　编	浙江省林业厅
出版发行	**浙江科学技术出版社** 杭州市体育场路 347 号　邮政编码：310006 联系电话：0571-85170300-61711 E-mail：zjl@zkpress.com
排　版	杭州大漠照排印刷有限公司
印　刷	杭州下城教育印刷厂
经　销	全国各地新华书店
开　本	880×1230　1/32　　　印张 2.75
字　数	57 000
版　次	2009 年 5 月第 1 版　2018 年 11 月第 14 次印刷
书　号	ISBN 978-7-5341-3454-8　　定价 11.00 元

版权所有　翻印必究
(图书出现倒装、缺页等印装质量问题，本社负责调换)

责任编辑　李亚学　　　责任校对　顾　均
封面设计　金　晖　　　责任印务　李　静

《兴林富民实用技术丛书》编辑委员会

主　　任　楼国华
副 主 任　吴　鸿　　邱飞章　　邵　峰
总 主 编　吴　鸿
副总主编　何志华　　郑礼法
总 编 委　（按姓氏笔画排列）
　　　　　丁良冬　　王仁东　　王冬米　　王章明　　方　伟
　　　　　卢苗海　　朱云杰　　江　波　　杜跃强　　李永胜
　　　　　吴善印　　吴黎明　　邱瑶德　　何晓玲　　汪奎宏
　　　　　张新波　　陆松潮　　陈功苗　　陈征海　　陈勤娟
　　　　　杭韵亚　　赵如英　　胡剑辉　　姜景民　　骆文坚
　　　　　徐小静　　高立旦　　黄群超　　康志雄　　蒋　平

《图说油茶高效生态栽培》编写人员

主　　编　姚小华
副 主 编　王开良　　庄瑞林
编写人员　姚小华　　王开良　　庄瑞林　　任华东　　费学谦
　　　　　方学智　　王亚萍

序

  林业是生态建设的主体,是国民经济的重要组成部分。浙江作为一个"七山一水二分田"的省份,加快林业发展、建设"山上浙江",对全面落实科学发展观、推动经济社会又好又快发展,对促进山区农民增收致富、扎实推进社会主义新农村建设,对建设生态文明、构建社会主义和谐社会都具有重要意义。

  改革开放以来,浙江省林业建设取得了显著成效,森林资源持续增长,林业产业日益壮大,林业行业社会总产值位居全国前列。总结浙江林业发展的经验,关键是坚持了科技兴林这一林业建设的基本方针,把科技作为转变林业发展方式的重要手段,"一手抓创新,一手抓推广",不断增强现代林业的科技支撑。我们要认真总结经验,在进一步深化改革、搞活林业经营体制机制的同时,继续把科技兴林作为发展现代林业的战略举措,坚持林业科研与生产的有效结合,强化应用技术研究,加快科技成果转化,不断提高林业生产效率、经营水平和经济效益,推动现代林业又好又快发展。

  为进一步加快林业先进实用技术的普及和推广应用,浙江省林业厅组织有关专家编写了这套《兴林富民实用技术丛书》。本套丛书突出图说实用技术的特点,图文并茂,内容丰富,具有创新性、直观性、通俗易懂,便于应用,适合于林业技术培训需要,是从事林业生产特别是专业合作组织、龙头企业、科技示范户以及责任林技人员的科普读本、致富读本。相信这套丛书的编写出版,对于发展现代林业,做大、做强具有浙江优势的竹木、花卉苗木、特色经济林等林业主导产业,提高农民科技素质具有积极作用。希望浙江省各级林业部门用好这套丛书,切实加强以林业专业大户、林业企业经营者和专业合作组织为重点的林业技术培训,提高广大林农从事现代林业生产经营的技能,为全面提升林业的综合生产能力和林产品的市场竞争力,走出一条经济高效、产品安全、资源节约、环境友好、技术密集、人力资源优势得到充分发挥的现代林业新路子提供服务、作出贡献。

浙江省政协主席 周国富

2008年6月

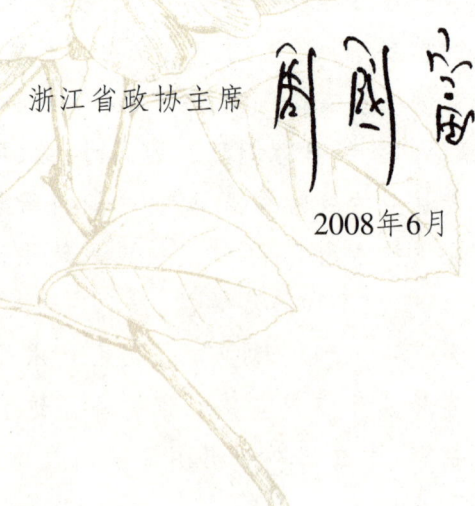

前　言

　　油茶又叫茶子树，泛指山茶科山茶属植物中种子油脂含量较高且具有经济栽培价值的植物总称，与油棕、油橄榄、椰子并称世界四大木本油料植物，在我国已有2000多年的栽培历史。由于其适生范围广、经济价值高、生态功能强，是我国特有的经济效益和生态效益俱佳的优良乡土树种，在主产区经济林产业中占有十分重要的社会经济地位。我国现有油茶种植面积4500多万亩，年产茶油总量约27万吨。大力发展油茶种植，对于增加食用油料供给、增加农民收入、缓解耕地压力、保障粮油安全、改善生态环境以及推动社会主义新农村建设等都具有十分重要的意义。

　　国务院对食用油发展极为重视，2007年出台了《国务院办公厅关于促进油料生产发展的意见》，明确提出要大力发展油茶等特种油料作物。为推动油茶发展，2006年国家林业局在江西省组织召开了"全国油茶产业发展现场会"，并出台了《国家林业局关于发展油茶产业的意见》。2007年国家林业局进一步加大了油茶发展力度，出台了旨在加强油茶等木本油料生产为主的《国家林业局关于加强林业"菜篮子"工作的通知》。这些都为加快油茶产业发展奠定了良好的基础。2008年9月国家林业局又在湖南召开了全国油茶产业发展现场会。

　　油茶是一种常绿、阔叶、长寿的生态经济树种，一次种植，多年受益。利用油茶籽生产的茶油是一种绿色无公害产品，其不饱和脂肪酸含量达90%以上，优于橄榄油，是一种健康型高级食用植物油,已被联合国粮农组织重点推广。在我国南方14个省、自治区的山地、丘陵地区,当地农民有多年的种植油茶与食用茶油的习惯。但是,长期以来,油茶种植在我国一直没有发展起来,其主要原因是人们对油茶的价值认知不足,重视不够;现有油茶林树龄老化,品种混杂,管理粗放,单位面积产量偏低,比较效益差;优良品种应用比重低,油茶造林初次投入成本高,又缺乏必要的政策和资金扶持,农民积极性不高;缺乏龙头企业带动和有效的发展机制,很难形成规模效益。

目前发展油茶已经具备了非常好的条件,油茶营养价值高得到了认可。当前茶油市场好,供不应求的卖方市场和逐步提高的价格空间对发展油茶产生强大拉力。同时茶油加工能力迅速扩张,各地新建了一批油茶精深加工企业,茶油的加工能力接近原料供应量的3倍。经过中国林业科学院等几代油茶科研人员的不懈努力,成功选育出了一大批高产、稳产油茶良种,基本可以满足油茶发展对良种资源的需要,集约化系列栽培技术也已成型过关。

浙江省也是我国油茶主产区,现有油茶林200多万亩,同时浙江省在油茶精深加工、品种选育等方面走在全国前列,随着全国油茶产业发展形势的好转,浙江省委、省林业厅也高度重视,农民发展油茶的积极性也大大提高,对油茶新品种和栽培新技术也产生迫切需求,因此我们编写了《图说油茶高效生态栽培》一书,以期更好地推动油茶产业发展。

由于编者水平有限,书中疏漏和不足之处在所难免,恳请广大读者批评指正,以便今后修订、完善。

编者

2009年4月

目录
CONTENTS

一、油茶良种选育与主要油茶良种介绍

（一）油茶物种 /1
1. 我国主要的油茶栽培物种 /1
2. 油茶良种选育 /6
3. 油茶高产新品种介绍 /6

（二）油茶优良品种繁殖技术 /14
1. 芽苗嫁接法 /14
2. 扦插繁殖育苗 /21

二、油茶栽培技术

（一）油茶高产良种栽培技术 /29
1. 造林地选择 /29
2. 整地 /32
3. 油茶栽植 /36
4. 抚育管理 /39

（二）低产林的改造 /53

1. 低产林改造 /53
2. 大树嫁接换种技术 /58
3. 复合栽培技术 /62
4. 树体复壮技术 /63
5. 林地清理及密度调控技术 /64
6. 病虫害控制技术 /65
7. 集约经营和科学管理 /70
8. 茶果的采收与处理技术 /73

附录 /76

参考文献 /79

一、油茶良种选育与主要油茶良种介绍

（一）油茶物种

油茶广义上是指山茶属植物中种子含油率较高、且具有一定栽培经营面积的树种的统称。我国山茶属物种资源极为丰富，据中山大学张宏达教授1981年的统计，全世界共有196种山茶属植物，近年来又有新的发现。山茶属特产于亚洲，分布于约东经85°~150°，北纬37°至南纬10°之间的地区。其中大部分分布在我国长江流域地区、南方山地丘陵，我国西南部地区和越南北部之间的带状地区是中心分布区，这些物种大部分都具有油用价值和观赏价值。

1. 我国主要的油茶栽培物种

油茶是泛指山茶属中具有生产价值的油用物种，在我国以下列几个栽培物种为主。

（1）普通油茶。普通油茶又

普通油茶的树形和果实

名油茶、中果油茶等。通常说的油茶就是指普通油茶,目前在我国栽培面积最大、分布最广、适应性最强,栽培面积和产量均占全国第一位,也是目前已经通过优良品种审定的主栽物种。

(2) 小果油茶。小果油茶又名江西子、小茶、鸡心子等。小果油茶为灌木或小乔木,嫩枝有细毛、节间短、叶片小而多、分枝角度小,因此,全株枝多叶密,显然与普通油茶不同。叶椭圆形居多且较小,10月下旬至11月中旬开白色花,朔果于10月上旬成熟,通常为球形、桃形、近橄榄形,果皮极薄,每果有1~3粒种子。小果油茶与普通油茶的形态特征相比较,明显的区别在于小果油茶果小、叶小、芽小,芽苞片没有毛。小果油茶主要分布在福建省闽侯县、南平市,江西省南康市、赣州市、兴国县、遂川县、宜春市、萍乡市,湖南省浏阳市、靖县、道县,广西壮族自治区兴安县、阳朔县、三江县、龙胜县、临桂县、融安县,广东省乳源县、乐昌市、饶平县和贵州省玉屏侗族自治县、锦屏县、铜仁市一带;浙江省仙居县、江苏省宜兴市亦有栽培。小果油茶栽

小果油茶的树形和果实

培面积和年产量仅次于普通油茶,列全国第二位。果实的出籽率和含油率较普通油茶高,但产果量一般不及普通油茶。单果平均重为8.2(3.4~16.0)克,果径平均为2.2(1.8~2.8)厘米,鲜出籽率为44%~58%,出仁率达66%~70%,种仁含油率为40.02%~48.52%,全籽含油率达20.5%~31.6%。

(3)攸县油茶。攸县油茶又名长瓣短柱茶、野茶子、薄壳香油茶。攸县油茶为常绿灌木,树皮灰白色或黄褐色;分枝角度小,排列紧密,冠幅狭窄;叶多为宽卵形、椭圆形;芽长锥形,较小,鳞片质硬。2月中旬至3月底开花,花白色;朔果10月底成熟,中等大小,直径2~4厘米,果皮极薄,麻褐色,粗糙无光泽。平均果重6.0(3.4~18.0)克,每果有籽1~12粒。鲜出籽率和干出籽率很高。油质好,挥发性物质含量小于0.05%。野生攸县油茶首先发现于湖南省攸县,由中国林业科学研究院亚热带林业研究所育种组经过选种,于1963年引种到浙江省富阳市。经15年的试验证实,攸县油茶是一个早实、高产、抗油茶炭疽病和经济性状优良的春花秋实物种。

花　　　　　　　　朔果　　　　　　　　树形

攸县油茶

(4)浙江红花油茶。浙江红花油茶又名浙江红山茶。浙江红花油茶为常绿小乔木,树皮灰白色、平滑;叶长椭圆形,两面光滑无毛,边缘疏生短锯齿;花芽单生枝顶,花艳红色,2月中旬至3月下旬开放;朔果皮木质,直径4~6厘米,果实基部有萼片宿存,果柄极短,果皮厚0.4~0.8厘米,每果有7~10粒种子,9月中旬果熟,朔果多为红色,球形或桃形,一般果重26~160克。浙江红花油茶在浙江省青田县、龙泉市、开化县、常山县、遂昌县、庆元县、松阳县、云和县、缙云县、仙居县,福建省拓荣县、霞浦县,江西省玉山县、德兴市、永丰县、宜春市,湖南省宁远县、衡山县、武冈市,湖北省恩施市、来凤县、利川市等地呈间断性分布。浙江红花油茶一般喜生长在海拔600~1200米的温暖湿润地区,含油率比普通油茶高出5%~10%,油质好,花可入药。本种由于年生育期较短,花期较长,花色美丽,是较好的庭园绿化树种和育种的好材料,宜在高海拔地区推广。如浙江省遂昌县每年产茶籽约5万千克,其境内有一片400多亩浙江红花油茶种植园,每年平均亩产茶油15千克。

浙江红花油茶

(5)腾冲红花油茶。腾冲红花油茶又名滇山茶、野山茶、红花油茶等。腾冲红花油茶为常绿乔木,嫩枝黄绿色、披毛,叶为长椭圆形,叶长4.0~9.7厘米。芽长卵圆形,苞片7~9枚,覆瓦状排列,表皮披白色绒毛,花单生于小枝顶端,呈艳红色,花径7.6~9.0厘米,最大可达14厘米。朔果壳厚木质,果大,果径为3.4~6.0厘米,平均果重60~100克,最大达250克。每果有种子4~16粒。该种分布在云南省腾冲县、龙陵县、保山县等,在腾冲县打云山、大鹿丛山周围的云华、古永、中和、固东、沙坝等地最为集中,滇中地区亦有栽培。腾冲红花油茶播种后8~9年才能开花结果,播种后15年进入盛果期,花成果率高,种仁含油率高、油质好。

腾冲红花油茶

(6)博白大果油茶。博白大果油茶又名赤柏子,为高大直立的常绿乔木,树高8~12米。小枝粗短无毛,有少数皮孔,叶革质、椭圆形,长8~19厘米,锯齿由叶尖至叶基逐疏,齿尖骨质、黑色,仅基部反转。花白色,直径8~9厘米。雄蕊多数,成5~6轮排列,内轮在20根以下,外轮多。花谢时,雄蕊连花冠一起脱落,柱头一般3裂,乳白色,子房3室,每室有胚珠5~9个。蒴果皮粗糙,呈黄褐色,呈球形或梨形。果大,直径7~12厘米,重400~1000克,果皮厚1.0~2.5厘米,鲜出籽率12%~18%,每果有

博白大果油茶

9~24粒种子。博白大果油茶适宜在高温多雨的亚热带地区生长,从各地引种的情况来看,博白大果油茶生长快、抽梢发叶早,但耐寒性比越南油茶、广宁红花茶和南山茶都差,即使开花,结果也不良,该种不宜在中亚热带地区栽培。

2. 油茶良种选育

"六五"、"七五"期间,由中国林业科学院牵头组织了国家油茶良种选育计划,各地科研院所、大专院校及试验单位也相继开展了良种选育工作。该期间选育了大批良种并为后续的良种选育打下了良好的基础。20世纪70年代初,全国油茶科研协作组制订了油茶优良家系和优良无性系鉴定标准与方法,全国共选出优良单株11000多株,经过各省(自治区)和单位组织鉴定,选出了一批优良无性系并开始在生产上推广。

3. 油茶高产新品种介绍

油茶高产林分的建立应选用通过国家或省级林木良种审定委员会审定且符合良种适生区域要求的良种。无合适良种的地区可先进行良种引种试验,以确定表现良好的良种用于生产,以防止未经试验进行跨区域调运种苗。

20世纪60年代以来,各地区选出一大批农家品种、家系和无性系品种。由于各地推出的良种数量太大(势必降低标准),有时连选育者自己都难以在田间判定。因此,生产上应选择产量高、性状特征明显、适合本区域栽培的主要良种,进行配比组合栽培。目前通过国家林木良种审定委员会审定的油茶良种共有49个。各良种选育单位及适生区域详见附录内容。

这些经全国区域性鉴定而选育出来的新品种,具有丰产性能好、果实性状优良、生长势强、适应性强和抗病力强的优点。从花期观察记录看,各品种的盛花期基本稳定,大都在早霜来临之前,因此,自然坐果率较高。高自然坐果率,是获得高产的重要因素,也是品种内在遗传特征之一。经过人工控制授粉的测定,各品种间的可配性是很强的。现将部分良种及其性状介绍如下:

(1) 亚林4号。树势旺盛,树冠开张,分枝力强,自然坐果率为45.23%,果大皮薄,果实呈红色、球形。抗病性强,产量高(平均每平方米冠幅产油量为97.6克),鲜出籽率46.04%,种仁含油率50%,果油率为9.23%。

亚林4号

(2)亚林1号。树势旺盛,冠形开张,分枝力强,自然坐果率43.5%,果大皮薄,果实呈红色、桃形。抗病力强,产量高(平均每平方米冠幅产油量为75.0克),鲜出籽率45.9%,种仁含油率47.35%,果油率为8.63%。

(3)亚林9号。树势旺盛,冠形开张,分枝力强。自然坐果率为45.5%,果大皮薄,果实呈红色、球形。抗炭疽病力强,产量高(平均每平方米冠幅产油量为86.6克),鲜出籽率49.45%,种仁含油率为48%,果油率为8.89%。

(4)赣林1号。树势旺盛,树冠圆头形,分枝力强,自然坐果率为48%,果大皮薄,果实呈红色、桃形。产量高(平均每平方米冠幅产油量为108.7克),鲜出籽率55.96%,种仁含油率为54.44%,果油率为13.41%。

(5)赣林3号。树势旺盛,树冠圆头形,分枝力强,自然坐果率为48%,果

亚林1号

亚林9号

大红色,呈球形。赣林3号抗病性强,产量高(平均每平方米冠幅产油量为120克),鲜出籽率为47.85%,种仁含油率为51.65%,果油率为10.10%。

(6)桂林4号。树势旺盛,树冠圆头形,分枝力强,自然坐果率为46.2%,果大皮薄。桂林4号抗炭疽病力强,产量高(平均每平方米冠幅产油量为122.8克),鲜出籽率43.69%,种仁含油率为49.94%,果油率为7.93%。

(7)湘林10号。树势中等,树冠圆头形紧凑,自然坐果率为63.8%,果实呈红色、球形。湘林10号产量高(平均每平方米冠幅产油量为91.6克),鲜出籽率46.1%,种仁含油率为51.8%,果油率为8.09%。

(8)赣林6号。树势旺盛,树冠圆头形,分枝力强,自然坐果率为62.64%,果实红球形、皮薄。赣林6号产量高(每平方米冠幅产油量为104.0克),鲜出籽率47.87%,种仁含油率为49.14%,果油率为8.13%。

(9)长林40号。主要表现为长势旺,抗性强,光合效率高。果实近梨形,青带红,中偏小,干出籽率为25.2%,出仁率为63.1%,含油率为50.3%。叶矩卵形,长枝条,发芽晚,始花期为10月下旬,花期持续30天,高产、稳产。

(10)长林4号。长势较旺,枝叶茂密,光合效率高。果实呈桃形,青带红,较大,干出籽率为26.9%,出仁率为54.0%,含油率为46.0%,产量高而稳,只是皮稍厚。叶宽卵形,枝条较粗,发芽晚,始花期为11月初,花期持续20天。

长林40号

长林4号

长林3号

(11) 长林3号。长势中等偏强,枝叶稍开张。叶幕层中等。花期与长林4号相近。果实中等偏小,色泽偏黄,呈桃形或近橄榄形,有尖头。干出籽率为24.0%,出仁率为56.7%,含油率为46.8%,产量较稳定,能基本保持连年结实。叶近柳叶形,枝条细长、散生,发芽晚,始花期为11月上旬,花期持续25天。

(12) 长林53号。长势偏弱,但粗枝大叶,枝条硬,叶子浓密,叶面积指数平均大于3.5,光合效率高。果呈梨形,黄带红,大果,干出籽率为27.0%,出仁率为59.2%,含油率为45.0%。叶厚宽卵形,枝条粗壮,发芽晚,始花期为11月初,花期持续20天。

长林53号

(13) 长林18号。叶子浓密,光合效率高,花期早,成熟早,果实中等偏大,红色,俗称大红袍。干出籽率为25.2%,出仁率为61.8%,含油率为48.6%。叶短呈矩卵形,枝条中等,发芽早,始花期为10月上旬,花期持续25天。

长林18号

（14）长林23号。长势较旺,果实一般于10月20日前后成熟,10月下旬始花。球形果,青黄色,向阳面橙红色,大小中等。盛产期每亩产油量能达到61.6千克。干出籽率为22.0%,出仁率为57.2%,含油率为49.7%。叶短矩卵形,枝条中等粗细,发芽中偏晚,始花期为10月下旬,花期持续30天。

长林23号

(15) 长林27号。长势中等,枝条直立、粗壮、稀疏,分枝较少。叶片宽大,呈广卵形。适宜于土壤肥沃的地点推广应用。果球形,红色,中等大小。干出籽率为21.4%,出仁率为69.7%,含油率为48.6%,发芽晚,始花期为10月下旬,花期持续25天。

长林27号

(16) 长林21号。长势中等,早花早熟,果实近橘形,中等大小,黄绿色。干出籽率为30.1%,出仁率为69.3%,含油率为53.5%。叶卵形,枝条中等粗细,发芽特早,始花期为10月初,花期持续20天。

(17) 长林55号。长势较强,开花和成熟都特别早。由于果实成熟早,种仁含油率也高。桃形果,以青色为主,略带红。干出籽率为21.8%,出仁率为68.2%,含油率为53.5%。叶宽矩卵形,枝条细长、密生,发芽特早,始花期为10月初,花期持续25天。适合浙江省发展的油茶品种还有浙林1–17号新品种。

长林 55 号

(二) 油茶优良品种繁殖技术

  油茶良种繁殖主要是通过嫁接方法。嫁接在油茶良种选育中,对于提纯种性、确保所选良种的遗传增益、保持优良品种基因资源、保持母树的优良性状等有着重要的意义。嫁接能提前开花结果,它是新造林果实丰产、低产林提高产量的有效措施。芽苗嫁接育苗是中国林业科学研究院亚热带林业研究所在20世纪创造的小苗嫁接方法。此项方法的发明有力地推动了我国油茶良种化的进程。目前,我国每年用芽苗嫁接方法已繁殖优良无性系、新品种苗木约6000万株,绝大部分油茶良种苗木采用此法育苗,这是目前新造林选育良种的最好途径。

1. 芽苗嫁接法

  芽苗嫁接法操作简便、容易掌握,芽苗成活率高、繁殖快、工效高,适于工厂化育苗。实践证明,油茶芽苗嫁接无论成活率、成苗率都比其他方法

高,一般成活率达90%以上。但由于油茶形成层薄,分生组织细胞只有2~4层,厚度仅1/300~1/400微米,在操作上应有较严格的要求,嫁接时应注意砧、穗嫁接口形成层务必要对齐、紧接,并掌握好一系列的嫁接技术。

（1）芽苗砧的培育。砧木是嫁接育苗的物质基础,砧木的选择和培育关系到嫁接的成败。

① 砧木亲和力的选择。砧木的亲和力是影响嫁接成活的首要因素,它决定于植物体的生理、生化特性和结构。砧木与接穗亲缘关系越近,亲和力就越高,嫁接越容易成活;反之,亲和力弱,成活率就低。据实践,普通油茶、越南油茶和浙江红花油茶等物种间的亲和力强;广宁红花油茶、茶梨等物种与其他物种间亲和力差(见表1)。因此,以普通油茶实生苗作砧木,在全国范围内对大多数物种来说是适宜的。北回归线以南地区,可用越南油茶,因为越南油茶在适生环境下具生长快、生长势旺、愈合能力强等优点,作砧木比较理想。

表1 油茶物种嫁接亲和力表

接穗＼砧木	普通油茶	越南油茶	广宁红花油茶	博白大果油茶	攸县油茶	小果油茶
普通油茶	+++	++	++	-	++	++
越南油茶	+++	+++	+			
广宁红花油茶	+++	++	+++	-		
博白大果油茶	++	+	-	+++		
攸县油茶	+++				+++	+
南荣油茶	+++	++	-	-	+	+
宛田红花油茶	++	++				
腾冲红花油茶	++	++	++			
茶梨	+	-	-	+		
浙江红花油茶	++	++	++		+	
小果油茶	++	+	+		+	+++

续表

砧木 接穗	普通油茶	越南油茶	广宁红花油茶	博白大果油茶	攸县油茶	小果油茶
明月山红花油茶	++	++	+	−		
西南红山茶	++	+	−	+		
尾叶山茶	++	+				
柃叶山茶	++	+				
毛叶山茶	+++	+				
昭平油茶	+++					
太顺粉茶	+++					

注：+++表示亲和力最强，++表示亲和力中等，+表示可亲和，−表示不亲和。

② 砧木的培育。用作芽苗嫁接的砧木种子，宜在冷库或冷藏柜贮藏，温度保持在0~2℃，在一年内可以随时取出培育砧木。冬春嫁接或夏初嫁接可用沙藏法贮藏。播种的时间可根据嫁接时间而定，一般在嫁接前35天

砧木的培育

（夏秋）至45天（冬春）可分批播种。在播种前10天适当淋水催芽，待大部分种子裂口露白时即取出种子，移至沙床或营养土容器之内，深约3厘米，覆沙后稍加压实，以利于胚茎生长粗壮。如果覆沙太薄或松软，则胚茎长出地面后会急剧变细而老化，对嫁接不利。用塑料薄膜封盖沙床或容器，并及时喷淋适量水分，以保持充分湿润，促进胚茎粗壮生长。待苗木出土后长出2~3片叶时进行嫁接。一般来说，发芽出土后15天的幼苗，种仁养分尚未完全消耗，嫁接比较适宜。

（2）接穗的采集和处理。嫁接采用当年抽生的半木质化或基本木质化的春梢，春梢可用一年生的健壮枝条，但芽必须饱满。穗条不宜过粗，以免头重脚轻，影响愈合。最好随采随接，采下的穗用脱脂棉裹住茎部，浸水后用塑料袋密封保湿。长途运穗要每天打开塑料袋换气、洒水一次。一时嫁接不完的，应放在阴凉湿润处，并经常洒水保湿。枝量少时可放入0~5℃的冰箱中暂存。

穗条的保存

（3）嫁接技术。芽苗嫁接的时间，除5月中旬和8月中旬油茶抽梢期以外，其余时间均能嫁接。但6月中旬和8月下旬的春梢、夏梢嫁接成活率高、萌芽快、管理时间短且成苗率高。嫁接苗可根据需要，确定上山造林（营养钵）或入圃继续培育大苗。芽苗嫁接方法实际上是劈接法，其嫁接过程如下：

① 起砧、洗砧。将沙床育苗的裸根苗细心取出后，用清水洗掉沙土，盖上湿布。容器育苗的苗砧去掉表土，露出根茎，用毛笔洗净根茎，放在室内操作台上备用。

将沙床育苗的裸根苗用清水洗掉沙土

② 断砧、劈砧。用利刀或剪刀在芽苗种子的上方1~1.5厘米处切断苗茎,随即用单面刀片从砧木正中髓心劈开,开口长约1厘米。

断砧

劈砧

③ 套砧。用口径略大于砧木直径的铝薄片（牙膏皮）裁成长约3厘米、宽1厘米的长方形，或用空心莲子茎段将砧木套住。

④ 削穗。用单面刀片在接穗下节叶柄下方1~2毫米处左右两侧，各削一个15°、长约1厘米的双斜面，正交会于髓心，形成30°尖削度的楔形。再从上

套砧

节叶柄上方2~3毫米处截断，成为带一芽一叶的接穗，然后置于清水中待用。每削30~50个接穗应随即接完。

置于清水中待用

削穗

⑤ 接合。把削好的接穗插入砧木切口，叶柄一侧皮层对齐，再将套筒轻轻一提，务必使砧穗紧接。接后即淋水保湿。

接合　　　　　　　　　　　嫁接好的芽苗

(4) 嫁接后的管理。嫁接后的保湿是成活的关键之一。裸根苗嫁接后可栽入密封的苗床或容器内，栽后浇透水。密封的材料一般采用塑料薄膜，既透光，又保湿、保温，但光不宜直射。上面搭棚，置于照度为6000~20000勒克斯、漫射光的环境，罩内湿度为85%~90%，温度为25~28℃。当大部分接穗萌芽开叶，便可拆除保湿罩。20~30天愈合以后，可移栽到大棚圃地，亦可直接留在圃上。施肥、除草等管理同"扦插繁殖育苗"。

移栽　　　　　　　　　　　保湿遮阴

2. 扦插繁殖育苗

扦插繁殖是无性繁殖中最简单易行的方法,能在较短期内繁育大量良种苗木,因而被广泛采用。但是用扦插方法繁殖的油茶苗木曾在我国的油茶良种繁育中出现了迟滞状态。直到20世纪70年代我国油茶协作组提出油茶良种繁育技术攻关时,各地又纷纷行动起来。其实我国油茶产区,如贵州省锦屏县,湖南省会同县、靖县和怀化市等地,在历史上就有用油茶大枝扦插造林成功的先例。70年代中后期,广东省佛岗县林业科学研究所用优树扦插繁殖苗木成功上山,造林200多亩,广西壮族自治区岑溪县用岑溪软枝油茶扦插苗成功造林500多亩。早期,广东、广西、江西、浙江和江苏等省、自治区也有约2000多亩扦插苗油茶成林。油茶林长势喜人,展示了油茶扦插繁殖苗木造林的可能性。目前,一些地区也应用油茶扦插来进行育苗,但应熟练掌握育苗技术经验,并能培育出具有良好根系的油茶苗,才能在生产中推广应用。

(1)插穗选取及处理。油茶插穗的上端带一段芽,当插穗下端长出根以后,芽就萌发抽生出新枝;如果未带芽,则由维管束鞘或韧皮部长出不定芽生长发育而成新枝,这就是油茶扦插繁殖可以成功的生物学基础。

插穗的生命力对扦插成效影响很大,而母树年龄对扦插成活则无显著的影响,但要选优良无性系树冠上部外围的枝条。枝条要求粗壮、通直,胚芽健全的当年生春梢和夏梢,以刚木质化的春梢为最好。

油茶插穗

采下的穗条立即放入避光、保湿的容器内,挂上标签,注明株系、日期、地点等。如要远途运输,则要分株系捆扎,用脱脂棉浸湿后保湿。穗条应放在阴凉处,防止枝条挤压和发热。一般穗条可维持活力7~10天。

胚芽健全

枝条粗壮通直

油茶可采穗条

扦插前应细致削穗。插穗有长穗和短穗两种。长穗每穗带3~5个芽叶,长7~10厘米。长穗因叶面积大、生根容易,故扦插成活率较高,但穗的用量大,繁殖系数低,故很少采用。短穗每穗带1~3片叶,长3~5厘米,穗的用量小,繁殖系数高,因此被广泛应用。削穗用单面刀片从芽上方2毫米左右处成45°角切断,穗的基部末端切口宜削成斜面,切口要平滑,不能伤及芽、叶。削穗的过程要注意保湿,防止风吹日晒。

穗基部末端的切口切成斜面,切口平滑

油茶短穗

削好的插穗马上扦插,也可用生长激素处理后再扦插。据测试,插穗经激素处理后可以提高10%~30%

的发根率，以及5%~10%的皮部生根比率，使穗条早5~10天生根，且根较为整齐。采用的激素有200~400毫升/升的萘乙酸或吲哚丁酸。将切好的穗条每30~50根一捆扎好，切口在激素中浸12~16小时，取出洗净以后便可扦插。

（2）插壤的准备。扦插土壤的配置和处理关系到插穗发根的快慢和成苗率的高低。根据油茶扦插生理的需要以及来源广、成本低、易推广的要求，通过多年的测验可知：插壤宜分两层，表层为1:1或2:1的黄心土和沙混合层，厚度为6~10厘米。这种混合配制的表土，既有一定的保水能力，比较通气，便于排水，又不带菌，扦插的发芽率和成活率比一般田地高30%~50%。下层为肥沃土壤，约10厘米，以便插穗发根后，就能及时吸取较丰富的养分，使根系生长粗壮发达。一般插壤pH不超过6，下层土壤速效性N:P:K=20:15:30为宜。

插穗生根

扦插床

（3）油茶扦插育苗方式。
① 常规扦插。在条件较优越的地方制作一般苗圃式的苗床，床高约为15厘米，上面铺2:1的黄泥土混沙，当作扦插层。扦插后必须设置遮阴棚，棚内温度不超过30℃，透光度在30%左右。这种方法宜在日照较短、空气湿度较大、冬暖夏凉、水源方便、土壤为富含有机质的沙壤地上采用。一般成活率在90%以上。

大田容器扦插苗

② 封闭式扦插。封闭式扦插就是用塑料薄膜等材料布置成一个扦插后能密封保湿而透光的小环境。如果在夏季,封闭式扦插床上面必须用钢

大田保湿遮阴扦插

架或竹架搭棚遮阴,保持棚内温度在30℃以下,并保持通风,这种环境对促进生根和生长有利,成活率达95%以上。现在,在我国良种繁育中,应用最广和最多的是芽苗嫁接繁殖方法,但少数地区也应用扦插繁殖的方法。

③ 自动喷雾装置扦插。应用水电联合装置,为油茶插床提供自动控制的喷雾系统,较科学地满足油茶扦插的生理要求。目前,自动喷雾装置主要有连续式、计时器式和电子叶间歇式喷雾等。其中应用较广、效果较好的是自动控制间歇式喷雾。它可以在露天设置,也可以在温室或塑料大棚中安装使用,后者的效果更佳。

(4) 扦插及其管理。常规扦插以夏、秋为宜,夏插最好。实验证明,扦插时机以5月底到6月底为最好。油茶扦插可以直插,也可以斜插,入土深度以达叶柄为宜。

油茶扦插

扦插后的管理,总的要求是提供适合光合作用的温、光、水、气、肥等生态条件,尽可能提高光合效率和增加光合时效。其中最关键的是水分应及时供给。加强水分管理是扦插成败最重要的环节。其次是光照管理,扦插苗必须维持最高的光合效能,才能顺利地培育出壮苗。因此,光的控制是很重要的措施。油茶扦插初期对光的要求较高,如果光照不足以维持高于消耗的光合量,约7天左右鲜绿的叶子就会自然脱落;若光照过强,蒸腾量大,叶温很快升高,也会导致叶子脱落。故前期要通过光的调节来达到"深叶"的目的,一般是采取有效和适量的人工遮阴方法来实现,9月中旬后宜揭去遮阴棚,以增强光照。第三是温度管理,插穗在扦插过程中对温度是敏感的,温度适宜,则光合作用旺盛,苗木生长快,成苗率高。温度包括气温、地温和叶面温度三方面。气温可以通过遮阴进行调节,但一般受气候的影响而变化。地温和叶温除受气候影响外,主要受光照和水分的影响。为此,温度主要是通过调节光照和温度来控制。适宜油茶光合作用的叶面温度为15~28℃。因此,扦插前期不仅要测定气温,更重要的是对叶温的测定,注意及时

搭遮阴棚

喷雾或进行叶面淋水予以调节。插床的土壤温度应比气温高5~10℃,有利于油茶根系生长。夏季应十分注意遮阴和淋水,以调节土壤温度。

目前,在我国良种繁育中,应用最多和最广的仍是嫁接法。扦插繁殖方法在一些技术掌握较好的地区,它仍然被当地群众少量使用。

大田容器扦插苗

无论采用嫁接方法还是扦插方法繁殖苗木,都可利用容器育苗来提高苗木根系和造林成活率。目前主要有轻型基质网袋育苗和穴盘育苗,也有部分采用普通塑料容器育苗。采用容器育苗最大的优点是可延长造林时间,提高造林成活率。

兴林富民实用技术丛书

轻型基质网袋容器机

穴盘育苗容器

二、油茶栽培技术

（一）油茶高产良种栽培技术

1. 造林地选择

生长在土壤深厚肥沃地上的油茶，经济年龄可在百年以上；生长在瘠薄地的油茶会出现低产和早衰。因此，选择适宜的林地造林是十分重要的。

（1）土壤由砂岩、页岩、变质岩、花岗岩和石灰岩母质发育而成的山地红壤、黄壤、黄红壤均可造林。土层厚度应在1米以上，小于40厘米不宜作造林地。

土壤含水率旱季应不低于15%。含水量过低，油茶根系得不到足够的水分，造成光合效率低，植株生长不良；含水量过高，根系因缺氧而窒息死亡。土壤中石砾含量以不超过20%，孔隙度在50%以上，质地以壤土、轻壤土、轻黏土为好。在降雨量1000毫米以下的地区，表土层疏松，表土的渗水力每小时应不低于20厘米。若表土渗水力过低，雨水在未渗入土壤下层时便从地面流走或蒸发殆尽，根系不能得到充足的水分，使光合作用效率降低。油茶不耐水渍，在沼泽地、土层50厘米处有难于透水的黏结层或有未风化的硬盘母质的造林地里，会因雨季积水而导致油茶根腐死亡。

土壤中氮、磷、钾元素含量的高低是衡量土壤肥沃程度的主要指标之一。实践证明，土壤肥沃程度与油茶产量有密切关系。土壤中有机质、速效氮、速效磷和有效钾的含量高，油茶产量亦高，反之则低。一般来说，肥沃的标准是：每千克土壤中应含氮1.00~1.50克，每千克含10%石灰的土壤中含

五氧化二磷应不低于60克,每千克土壤含氧化钾不低于0.4克。

油茶是喜酸性的树种,一般宜在pH5~6.5的土壤中生长。当pH大于7,土壤成碱性时油茶生长受到抑制。在pH小于4的强酸性土壤中,则土壤里的镁及其他微量元素易被淋溶,油茶便出现微量元素缺乏症。植物与环境是一个有机的统一体。在酸性土壤上只生长着喜酸的植物,如铁芒萁、映山红、乌饭树、盐肤木、白茅等,这些植物便是酸性土壤的指示植物。通常这类植物生长繁茂的低山丘陵,便可作为油茶的造林地。

(2)海拔高度。海拔高度是山地地形诸因子中温度变化最为明显的因子之一。在山地条件下,温度与海拔高度呈负相关,通常海拔每升高100米,气温下降0.5~0.7℃,这说明海拔的高度直接影响着温度的变化。油茶物种不同,对海拔的要求也有差异。普通油茶适应性较强,对生态幅度要求较宽,由海拔30.5米的广东省高州县到海拔1981米的云南省昆明市,均能正常生长发育。越南油茶对生态幅度的要求较窄,以海拔60~600米较为适宜。我国油茶主要栽培种对海拔高度的要求是不同的(见表2)。因此,既要考虑油茶主要栽培种的适应范围,又要考虑海拔高度等环境条件,以发挥其最大的生产效益。

表2 油茶主要栽培种对海拔的要求

物　　种	中心分布区(米)	边缘生长区(米)	引种栽培区(米)	引种栽培生长情况
普通油茶	200~800	1300	1890	生长良好结果正常
小果油茶	200~800	1000	1250	较好
越南油茶	60~500	1000	1250	生长中等
攸县油茶	100~300	850	630	较好
浙江红花油茶	800~1200	1400	400	生长中等,落果严重
腾冲红花油茶	1700~2300	2800	110	生长中等,结果不良
广宁红花油茶	200~400	600	200	生长中等,结果不良
宛田红花油茶	300~600	600	200	生长中等,能结果
博白大果油茶	200~400	400	200	生长中等,结果不良

(3)坡向、坡度和坡位。在山地条件下,土壤厚度、土壤肥力、土壤湿度和各气象要素如光照、温度、湿度等因子均随坡向、坡度、坡位等地形的变化而不同,从而直接或间接地对生长于不同坡向、坡度和坡位上的油茶产生影响。

坡向与太阳辐射强度和日照时数有关。根据太阳对各坡面辐射的强弱,可将坡向分为南坡(阳坡)、北坡(阴坡)、东坡(半阳坡)和西坡(半阴坡)。在一定的坡度范围内,南坡所获得的辐射量比水平面多,其获得的总光量平均为北坡的1.6~2.3倍。油茶是一种在个体发育过程中,逐步从半阴性过渡到阳性的树种。在幼树阶段(1~5年生)主要是营养生长,对直射光的需要不太强烈,表现出一定的喜阴性。进入成年阶段(10年以后),由于大量结果,营养生长与生殖生长交替进行,对直射光的需要十分迫切,如光照不足,对油茶产量影响极大。种植油茶以多结果、多产籽、多出油为主要目的,故造林必须选择阳光充足的阳坡或半阳坡,特别是在峰峦重叠的山区,尤其要注意林地坡向选择,宜选南向、东向或东南向坡地(见表3)。

表3 不同坡向与油茶生长发育的关系
(广西林业科学研究所,1960年)

地点	物种	树龄	坡向	坡度(°)	新梢长(米)	发芽数(个)	果数(个)	出籽率(%)	其他
三江古宜乡	小果油茶	32	阴	28	3.24	462	193	60	
	小果油茶	34	阳	28	3.80	520	330	62	
柳州市林场	普通油茶	28	阴	24	5.90	761	134	42	
	普通油茶	28	阳	28	6.00	983	221	42	

注:坡度是指坡面的倾斜程度。按坡面倾斜度可分平坦坡(5°以下)、缓坡(5°~15°)、斜坡(16°~25°)、陡坡(26°~35°)、急坡(36°~45°)和险坡(45°以上)。坡度除对光照有一定影响外,主要是对水土流失强度影响较大。实验证明,水的流速与坡度、坡长成正比,即坡度越大,坡面越长,径流水的流速也越大,它所带走的泥沙数量也越多。由于坡度大,土壤受侵蚀严重,容易变得贫瘠,严重时成为不毛之地。

油茶要经常中耕抚育,在各生育阶段需要对林地土壤进行不同程度的挖垦。坡度越大,挖垦将加速水土的流失。为了保持水土不流失,涵养水源,油茶宜选择在坡度为25°以下的斜坡或缓坡上造林。

坡位有上坡、中坡和下坡三个部位,从坡的外形上可分凸形坡、凹形坡和直形坡3种类型。凸形坡的水是外排的,坡度越陡,冲刷越严重,土壤越贫瘠,凹形坡多为汇水地,土壤较深厚湿润。在一个山坡上,上坡和山脊多为凸形坡,中坡一般为凸凹相间的复式坡,下坡通常为直形坡。坡位的变化,实际上也是光照、水分、养分和土壤条件的生态变化。坡位不同,土壤厚度、有机质积累与含量均存在差异,直接影响油茶的长势及开花结果。生长在山坡中下部的油茶,无论长势、产量等均优于山坡上部。因此,造林地宜选择在中坡和下坡。

林地确定以后,造林前必须对林地进行规划。可根据地形和造林面积大小,一般采用1:5000比例尺将造林地范围、面积及大区、道路等测绘成图。大区顺其自然,小区面积为20~50亩。大区和小区要合理配置道路。小区林地两侧,从上至下开设纵坡林道和排水沟,水平方向开设水平林道和横向排水沟,纵横相通,形成一个良好的交通和排水系统,以便于经营管理,避免暴雨冲刷造成水土流失。在降水不均、干湿明显的地方,除考虑排水措施外,还应考虑林地的灌溉和蓄水设施,每行开设水平保水沟能起到很好的作用。在土地利用上做到"适地适树",在经营管理上做到"经济合理",在经济效益方面实现高产、稳产。

2. 整地

整地是油茶造林的重要环节。通过翻松土壤,加深土层厚度,改良林地土壤结构,提高土壤蓄水能力和通气状况;改善微生物活动环境,提高土壤肥力,为油茶根系的生长发育创造良好的条件。

在山地栽培条件下,整地应与水土保持相结合。据测定,9°坡较3°坡平均每年每亩地的土壤流失量高一倍多,20°坡较9°坡水土流失量高一倍多。养分随着水土向下流动迁移。坡上较坡下的有机质减少0.15%,含氮量减少0.0418%。

整地工作应在造林前3~4个月进行,这样有利于土壤充分风化。江西、湖南、广西、浙江等省、自治区的群众素有秋季整地、冬季造林,冬季整地、来春造林,夏伏整地、十月"小阳春"造林的习惯,效果较好。

油茶整地方法有全垦整地、带状整地和穴状整地3种,可根据林地条件、经营水平高低、劳动力等情况因地制宜选用。

(1) 全垦整地。适用于坡度小于15°的缓坡,不易造成水土流失的造林地。凡坡度大,土层浅薄以及土壤结构松散的山地均不宜采用。

整地时可顺坡由下而上挖垦,并将土块翻转使草根向上,减少其再繁殖能力。挖垦深度视土壤情况而定,一般为30厘米左右。挖垦后按规定的株行距定点开穴。

为了减轻地表径流、防止水土流失,全垦后可沿水平等高线每隔4~5行行距挖开一条30厘米左右的拦水沟。暴雨时可以降低水的流速,雨后可使贮水渗入土中,增加土壤湿度。全垦整地有利于间种经济作物,可获得一地多用、以短养长的经济效益。

全垦整地

(2) 带状整地。适用于林地坡度在16°~25°的山地使用。有利于水土保持,也可进行短期间作。整地方式有以下几种:

① 水平阶梯整地。先自上而下顺坡拉一条直线,而后按行距定点;再自各点沿水平方向环山定出等高点开带。垦带采取由上向下挖筑水平阶梯。本着"上挖下填、削高填低、大弯顺势、小弯取直"的原则,筑成内侧低、外缘高的水平阶梯,俗称"反坡梯地",坡面约3°~5°左右。阶梯内侧挖成深、宽各20厘米左右的竹节沟,以利蓄水防旱和防止水土流失。

水平阶梯整地

水平阶梯应在土层较厚的山坡上修建。修建时可先将表土堆于上坡,或分小段修建时将表土堆于两侧。待一段建成后,在梯带的中部开沟或挖穴,将表土挑回填入穴中,避免将表土堆于下坡,而将苗木栽于心土的做法。

水平阶梯整地的阶梯宽度视坡度、造林的油茶物种和营林目的而定。一般生产性的普通油茶林,带基宽度为3米左右。树体高大的越南油茶、广宁红花油茶等可稍宽。树体紧凑、树冠狭小的攸县油茶可窄些。计划长期间作的可以适当宽些。

水平阶梯整地虽然用工多,却是一种一劳永逸,保水、保土、保肥的整地方式。20世纪70年代初期浙江、湖北和湖南等省的油茶产区,修建"三保地"的水平梯地,栽植油茶、间作农作物或生产"三油"(油茶、油菜、花生),都取得了良好效果。广西壮族自治区采取先挖壕再进行阶梯整地,是水平阶梯整地的另一种好方式,即按造林行距,沿等高线挖掘深30~60厘米、宽45~60厘米的横山沟,填入表土,再筑成阶梯造林。

② 斜坡带状整地。即在坡度较陡、土层较浅,易遭水土流失的山坡上采取隔行保留水平草带的整地方式。按造林的行距要求,横向划分水平带,带宽随坡度和造林行距而定。较陡的坡地,每2~3行造林带挖垦一条带,缓坡每5~6行造林带挖垦一条宽带。每条挖垦带的下方保留1米宽的非垦带,并将垦带内挖出的草根、树桩堆于非垦带面上,用以拦蓄水土。挖垦的方法与

斜坡带状整地

全垦相同,只是每隔一定距离留有一条草带而已。

(3) 穴状整地。在坡度较陡、坡面破碎以及"四旁"植树时均可采用。先拉线定点,然后按规格挖穴,表土和心土分别堆放,先以表土填穴,最后以心土覆于穴面。此法虽然省工,但因整地范围小,改善林地条件的作用不如全垦和带状整地效果好。

穴状整地

3. 油茶栽植

(1) 良种配比。无性系配比技术是油茶实现丰产栽培最重要的措施之一。油茶自花授粉坐果率很低,需要多个无性系配比栽培以提高林分坐果率。中国林业科学院亚热带林业研究所在20世纪80年代通过对无性系群体丰产性进行研究,提出无性系配比栽培理论。通过大量试验表明,油茶无性系(品系)需要5个以上品种均匀混合栽培,并且要求配比组合花期、成熟期基本一致才能够提高产量。

(2) 造林方式。用圃地或容器培育的优良无性系苗木造林,一般应具有完整的根系和旺盛的地上部分,对外界环境的抵抗力较强、成活率高、生长快,形成树冠也快,并可提早1~2年开花结实。2年生苗根系发达、健壮,造林成活率较高。总之,用于造林的苗木一定要根系发达、长势旺盛、苗茎粗壮,苗高以20厘米以上为宜。

　　植苗造林的成活率与苗木本身是否能维持水分平衡有密切关系。实验证明，植苗造林以随起随造成活率高。苗木如经暴晒，成活率会显著下降。为了保证造林成活率，需要长途运输的苗木，应适当修剪主根和密集的枝叶，尽量多带宿土或黄泥浆，然后包装运输。植苗造林一般不栽隔夜苗，当天栽不完的苗木，应分散假植在阴凉处。假植要排得松、埋得深、踩得实，千万不能将苗根暴晒。在条件许可时，最好使用容器苗。

　　造林季节主要根据各地气候条件、苗木培育情况而定。一般在雨季或雨季前夕，以选择阴天或小雨天气造林为宜。江西、湖南、湖北、浙江等省，春季多雨、空气湿度较大、土壤湿润，这些地区在立春至惊蛰之间、芽将萌动之前造林最为适宜。我国西南地区，特别是云南省由于春旱严重，不宜在春季造林，以夏季雨水充足、油茶夏梢即将抽发之前造林最为适宜，造林成活率一般都可达到80%以上。

　　油茶为常绿阔叶树种，幼苗主根长而侧根少，晴天和旱季起苗造林最易引起苗木失水，导致造林失败。油茶造林成活率的高低，与空气湿度和土壤水分关系十分密切，晴天与雨天造林成活率大不一样（见表4）。在其他条件基本相同的情况下，阴雨天气造林成活率明显高于晴天。

表4 造林天气对造林成活率的影响

（浙江农业大学经济林组）

地点	苗龄	造林天气	苗木处理	造林时间	调查苗木株数	成活株数	成活率(%)
临安苗圃	2年生	阴雨	随起随造	1964.3.5	200	160	83.0
		晴天	随起随造	1964.3.12	300	49	16.33
	2年生	阴雨	随起随造	1965.2.8	286	273	95.47
		晴天	随起随造	1965.2.27	231	159	68.83
	2年生	雨天	随起随造	1965.1.17	200	142	71.0
		晴天	随起随造	1964.12.14	213	101	46.33
	1年生	雨天	随起随造	1964.3.5	50	46	92.0
		晴天	随起随造	1964.3.12	100	61	61.0

随着生产的发展,近几年江西、湖南、浙江等省,提倡和推广十月"小阳春"植苗造林,收到很好的效果。据试验:十月"小阳春"造林具有先生根、后抽梢的特点,从而增强了苗木的抗性,提高成活率。在广东、广西、福建等省、自治区,由于冬季温暖湿润,也适宜植苗造林。在相同的年份和季节里,油茶植苗造林最好选择在阴雨天气进行,雨前栽植,栽后下雨,不需要淋定根水,且成活率高。

植苗造林要根据"三埋一提三踩"的原则,一定要做到栽紧、踏实。平坡大穴,在栽植后要用松土将基茎部分堆成馒头形,防止雨季穴土沉陷积水,造成水渍死亡。苗木定植深度,以超过原圃地根际1~1.5厘米为宜。

扦插苗、嫁接苗和容器苗造林的方法和要求基本与植苗造林相同。以塑料薄膜为容器的容器苗,在造林时一定要将薄膜破除,以免影响苗根伸展。扦插苗以两年生的大苗在十月"小阳春"天气带土造林效果最好。

(3)造林密度。造林密度根据油茶物种和经营目的不同而有区别。控制密度、合理密植是提高良种单位面积产量的一项重要措施。合理的造林密度既能保证生长发育好,又能在单位面积内达到最高产量。以普通油茶为例,株行距为(3.0米~3.2米)×3.5米或2.0米×3.0米等,最好以三角形方式种植,使各植株的位置互相错开,获得充足的阳光,有利于油茶植株生长和结实。

合理密植就是使油茶在整个生命周期的生存竞争中,始终形成一个合理的群体结构。这个群体结构,既能保证每个个体的正常生长发育,单株产量高,又能保证单位面积有足够的株数,从而获得高而稳的产量。油茶造林密度主要是根据物种生物学特性、立地条件及造林目的等来确定。湖南、江西、广西、浙江、广东等省、自治区有肥地栽稀、土瘦栽密、山脚栽稀、山顶栽密,缓坡栽稀、陡坡栽密,间作栽稀,不同栽植密度的经验值得提倡。一般普通油茶的栽植密度为60~100株/亩,小果油茶为73~120株/亩,攸县油茶为500~600株/亩,浙江红花油茶以41~84株/亩为宜。

油茶地上树冠之间的密接程度与地下根群之间的密接情况是一致的。通常情况下,地下根群间的竞争比地上树冠间的竞争早。因此,造林时除考虑种植的株行距外,还应考虑种植点的配置,以协调植株地下、地上部分的矛盾。正方形种植的株行距,利于树冠的均衡生长,多适用于较平坦的林地;

长方形的种植,行间空隙大,除有利于光能的利用外,亦便于机械化操作;三角形的种植多适用平缓的坡地,其特点是相邻的植株彼此错开,单位面积株数较正方形排列增加15%。

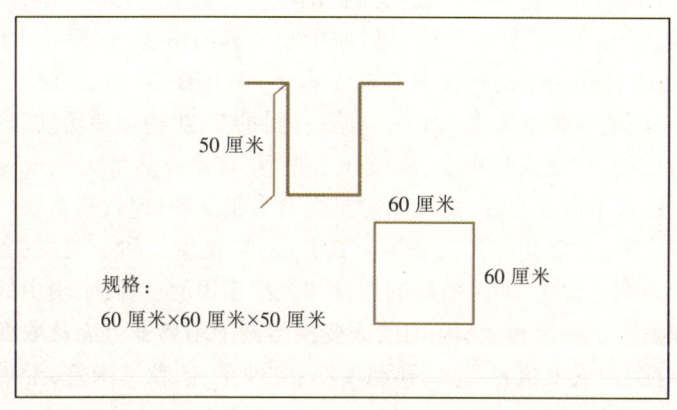

规格:
60厘米×60厘米×50厘米

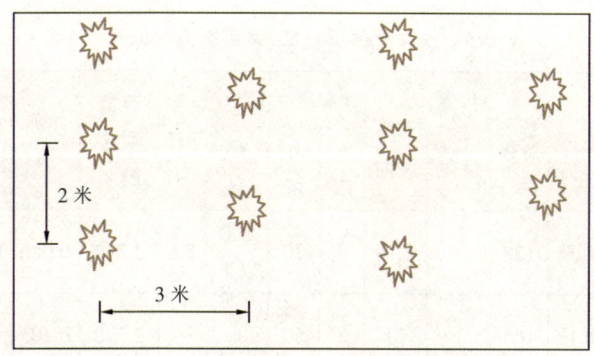

油茶栽培模式图

4. 抚育管理

　　幼林阶段的长短和立地条件优劣、经营强度高低、油茶物种和品种类型生物学差异有着密切的关系。通常立地条件好、水肥条件优越、集约经营的油茶林投产早;立地条件差、土壤干旱瘠薄、经营粗放的油茶林投产迟。攸县油茶幼林阶段比较短,一般2~3年就开始结果;而普通油茶为5~6年,越南油茶为9~10年,广宁红花油茶为12~15年。

油茶造林后应及时抚育管理,创造优越的环境条件,以满足油茶生长发育对肥水的要求,这是保证造林成活和早实丰产的一项关键措施。

(1) 土壤耕作。土壤是有肥力特征的一个自然体。土壤耕作,即通过人为的措施,提高土壤肥力,以满足植株生长发育的需要,达到高产的目的。因此,土壤耕作是油茶幼林管理的重要部分。我国南方低山丘陵地区,土壤以红壤、赤红壤和黄壤为主。由于气温高、雨量多,生物生命活动旺盛,这些土壤有机质很少,交换量极小,保肥作用很弱,这是亚热带山地丘陵土壤的严重缺点。这个地区的红、黄壤除有机质含量很少外,速效磷奇缺(见表5)。此外,这些土壤中黏化作用也普遍存在,它对植物生长和土壤改良利用,都有重要的影响。黏化,即是黏粒的迁移和沉淀作用的过程,土壤中的硅酸盐类等黏粒发生了淋溶作用,因pH的改变或溶液中阳离子组成及浓度的改变而发生沉淀,造成土壤容重大、孔隙度小、黏性重、团粒结构差,干旱时容易板结,下雨时容易流失。

表5 油茶产区低丘红、黄壤肥力状况表

地点	土壤	地形	位置			土壤厚度(厘米)			pH	有机质含量(%)	全氮(%)	全磷(%)	全钾(%)
			海拔(米)	坡位	坡向	A层	B层	C层					
常宁	四纪红壤	低丘	128	上	东南	9	70	100以下	5.1	2.740	0.086	0.088	1.220
	沙砾岩红壤	低丘	145	下	南	8	50	—		2.570	0.105	0.114	0.111
	红黄壤	中丘	255	下	东	30	85	—		2.720	0.211	0.117	1.374
衡南	四纪红壤	低丘	200	中	南	10	80	100以下	5.5	3.430	0.213	0.075	0.132
	沙砾岩红壤	低丘	172	下	西	10	45	—		2.690	0.086	0.087	2.131
	红黄壤	低丘	141	下	南	19	80	—		1.970	0.148	0.101	1.501

续表

地点	土壤	地形	位置			土壤厚度(厘米)			pH	有机质含量(%)	全氮(%)	全磷(%)	全钾(%)
			海拔(米)	坡位	坡向	A层	B层	C层					
衡东	四纪红壤	低丘	200	中	西北	10	100	100以下	4.7	1.476	0.176	0.954	1.300
	沙砾岩红壤	低丘	80	中	东北	7	100	—		3.357	0.186	0.647	0.918
	红黄壤	低丘	180	中	北	14	—	—		1.938	0.180	0.049	0.813
衡山	四纪红壤	低丘	65	中下	东	7	80	100以下	5.6	2.477	0.320	0.065	1.121
衡阳	红砂土	低丘	238	上	西北	33	80	—		0.762	0.276	0.043	0.830
永兴	红壤	低丘	200	下	东南	20	40	80以下	6	2.700	0.174	—	1.550
安吉	红壤	低丘	50	下	南	15	30	80以下	5	0.470	0.102	0.026	2.600
毕节	黄壤	低丘	100	中	—	8	10	30	4.4	4.1	0.54	—	—

油茶幼林土壤耕作方式有全垦、带垦和穴垦抚育，应根据林地坡度和杂草生长及土地利用的情况，因地制宜采用不同的方式。实践证明，各种不同的抚育方法对油茶幼林的效果是不一样的。在坡度比较平缓的条件下全垦筑梯地的油茶林，当年新梢长度及根幅分别为局部抚育的200%和132.8%，是不抚育的340%和300%。经过全垦抚育，土壤通气度由8.9%提高到26.3%，容重由1.49千克/立方米降低到1.02千克/立方米，土壤含水率增加了2.0%~3.52%。抚育方法与整地方法的要求有所不同。抚育的要求比较细致，是在原来整地的基础上进一步改良土壤的理化性状。土层较深厚、坡度比较平缓（不超过15°）的林地，适宜套种或间作。坡度比较陡，可带状套种或带状抚育。在水土流失严重，不宜进行全垦、带状抚育和劳动力缺乏的地方，可采用穴状抚育。带垦、穴垦抚育要随着幼树的长大逐渐扩大抚育范围。

隔年翻地

机耕全面抚育间作

开沟施肥

  第一年"小阳春"和当年早春造的林,均可在5~6月进行第一次抚育。当年种植的苗木在7~8月不宜松土抚育。南方低山丘陵地区,夏季气温高,地表炽热,如果抚育时间不当、方法不妥,容易灼伤苗木,影响幼苗生长,甚至导致其死亡。油茶幼苗根系少,起苗时主、侧根须根均会受损伤,而抚育时幼苗的根系刚恢复生长。因此,在抚育时油茶苗四周20厘米以内只能松碎表土,不要翻动根际土壤。靠近油茶苗的杂草用手拔除,以避免松动或损伤根系。将草皮土覆盖在幼苗周围,这既可清除杂草,使地表温度降低1~2℃;

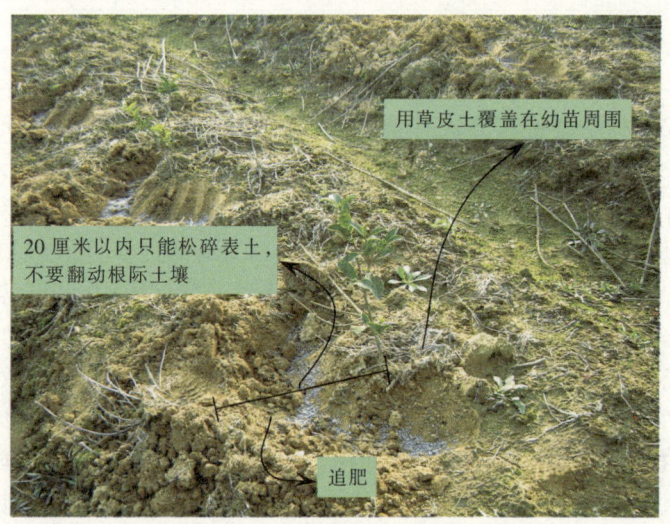
油茶幼苗抚育

又能使土壤含水量增加1%~3%，有效提高造林保存率并促进油茶旺盛生长。第二次抚育一般可在9月上、中旬（立秋后）进行。这时幼树新梢开始木质化，大多数杂草刚好结籽，此时除草可减少当年杂草与油茶苗争肥水和光照，又可清除杂草种子以减少来年竞争，起到抗旱保苗的作用。由于我国各地气候条件、油茶物候和耕作习惯不尽相同，各地应根据具体情况确定抚育的具体时间。一般造林以后，每年抚育1~2次。

20世纪70年代，我国推行油茶扦插苗和嫁接苗上山造林。由于扦插苗没有主根，根系分布浅，在高温干旱季节里，植株的抗逆性差。芽砧嫁接苗由于繁殖苗木过程中的多次移植，根系受伤，抗御外界环境变化的能力亦差。因此这两种苗应以2年生苗或容器苗在十月"小阳春"造林为好。造林后要特别加强抚育管理。有条件的地方最好进行覆草，还可引水自流灌溉或喷灌、滴灌，扦插苗造林以后，根据对不同龄苗木调查发现：在4~5年生时，扦插的苗已形成主根和侧根；在7年生时，主根粗壮，深可达1米以上，侧根亦较多。这时与嫁接苗生长基本上已一致，适应性和抗性都较强，植株生长旺盛。

不论采用何种抚育方法，都要注意水土保持，防止水土流失。按照林地坡度，选用适合的抚育方法，是保持水土的重要环节。坡地抚育必须水平带状进行，坡面要求平整或内反斜向，再隔一定距离开一条竹节沟。水土流失严重的地方，也可修筑鱼鳞坑，增加截留雨水的能力。合理管理土壤和修筑保水蓄水工程，对油茶生长和形成强壮的树体是十分重要的。

开沟排水

为有效消灭杂草、节省用工、提高管理水平,可根据林地杂草种类和季节合理施用除草剂。油茶林一般以禾本科的黄茅、白茅、画眉草、狗牙草等宿根和1年生杂草为主,也有少量其他单、双子叶杂草。草甘膦是一种广谱内吸传导除草剂,对人畜毒性小、使用安全、灭草效果好。在杂草生长季节可使用3%草甘膦液或1%~5%草甘膦喷雾,能有效杀灭禾本科深根性杂草。如在草甘膦液中加入乳化剂农乳6201-B或洗衣粉,则可提高药液在杂草叶片上的附着能力,提高灭草效果。只要药液不喷洒到油茶上,对油茶便是安全的。

油茶造林后,应采取有效措施禁止在林地割草、扒草、放牧和一切有损油茶幼林的活动。为形成丰产的林分,必须保证单位面积的株数,故造林当年冬或翌年春要选用同龄的壮苗对缺株、病株进行补植,并加强管理,使补植苗与林地幼苗均衡生长。一穴双株用于补苗的要及时选苗定株,只保留一棵生长健壮的幼苗。

(2)整形修剪。整形是指油茶在幼林前期,通过整形修剪使枝干形成合理的树形,为丰产、稳产奠定基础。修剪是在整形的基础上逐年修剪枝条,调节生长枝与结果枝的关系,培育均匀、坚强的骨架,以达到速生丰产的目的。整形是通过修剪的方法,培育和调整树冠内骨干枝,以形成良好的树体结构,使冠内枝条有充分生长的空间。整形必须通过修剪来维持,所以它和修剪是相互联系又不可分割的整体技术措施。通过整形修剪,使树体结构能充分利用空间,更有效地进行光合作用,调节养分,防止结果层外移,这对油茶幼林提早结果和成龄,维持丰产、稳产将起到重要的作用。

要达到整形修剪这一目的,必须对油茶各品种的生物学特征、生长结果习性、环境条件和栽培管理技术等方面都有全面的了解,才能做到因地制宜地选定整形修剪方式。油茶整形与修剪是综合性的农业技术措施之一,它必须建立在良好的肥水管理基础

整形

上才能见效。否则,单纯强调整形修剪、强度修剪,反而会影响油茶的生长发育,达不到预期的效果。

幼林应以整形为主。合理修剪对幼树树体可起到增强新枝生长的作用,所以对幼树要进行轻度修剪,多留枝,使主干尽量萌发新梢、扩大树冠、提早结果。根据中国林业科学院亚热带林业研究所近几年来从所建立的高产油茶丰产林基地实验经验来看,油茶幼林整形要从小开始。2年生苗造林时要适当打去顶部枝叶,不但能提早分枝而且还能提高造林成活率。栽植后对春梢突出的枝条、夏梢和秋梢强度抽梢的枝条采取打顶,可以防止偏冠,使油茶在早期便能形成均匀树体结构。

夏梢打顶,秋梢分枝多

从树体结构分析,树冠的大小与形成快慢是幼树早实丰产,成年树高产、稳产的基础。而树冠的大小、形状又与物种、干高有直接的关系,一般高干、冠幅小的,结果面积小、产量低;反之,低干、冠幅大、树体矮的,则结果面积大、产量高。因为树干低矮,缩短了地上部分与根系的距离,有利于养分的吸收和运转;同时可以减少地面蒸发和管理费用,便于机械化作业。高干种

油茶丰产冠形

和矮干种的选择应用要因地、因种和当地生产习惯而定。

　　油茶的树形与油茶物种有密切关系。灌木和小乔木型的油茶，如攸县油茶、小果油茶中的葡萄茶、龙眼茶，通常没有明显的主干，茎基萌芽力强，分枝角度小，侧枝多而密，冠形狭窄，呈圆柱形或塔形。普通油茶中的霜降种群一般有明显的主干，分枝角度在45°左右，树形大多是圆头形、自然开心形，有低矮的主干，良好的骨架结构，冠层较厚，是培育的理想树形。乔木类型的油茶，如广宁红花油茶、博白大果油茶，其主干比较高，有明显的中心主干，树冠呈塔形或圆头形。这些品种不论是实生或是无性系造林，由于其野生性状明显、分枝角度小、节间长、枝条粗壮，就算加以人工修剪，也仍然顽强地表现出乔木状态，不容易被矮化。

　　油茶在幼林时期要进行轻度修剪，控制徒长枝，疏去细弱侧枝，促进侧枝生长，以形成低矮的圆柱形树冠。小灌木型油茶，植株矮小，要提高单位面积产量，就必须合理密植，增加单位面积树冠覆盖率，才能充分利用光能，以达到最合理的群体结构。丰产林分建议参考密度为2米×3米。密度可根据具体要求来定，如考虑到较长期间作，可设计宽行密株。专用采穗圃经营可考虑适当密植。

　　油茶幼林整形修剪时，首先应根据抚育管理措施的方便及营林机械作业的需要来决定主干高度。主干过低，树冠紧贴地面，则通风透光不良，难以形成厚而高大的树冠，也给耕作带来不便；主干过高，树冠和树干高度比例失调，冠体单薄，树体重心上移，以致植株抗风力差，导致结果少，同时采摘也不便。一般来说，油茶主干长到一定高度时，就应按预定的主干高度截顶梢,然后在主干上部选3~4个枝条作主枝,均匀导引主枝向外上方生长,可用支撑捆绑调整。第二年主枝应进行适当修剪,以控制长势,使之均衡生长,并逐步培养成自然圆头形和开心形的树冠。

油茶萌芽力很强,如果对幼树实行重剪,将会在剪口处萌发大量新枝,消耗大量养分,使树势生长不平衡。因此,交叉重叠枝要全部剪去,基部萌生的徒长枝应作短截控制,密生枝和细弱枝应适当疏去,使养分合理调节。经过修剪的油茶,生理活动显著提高,过氧化酶的活动度、叶绿素含量、碳氮比均高于对照。

合理的整形修剪可以为油茶幼林的速生丰产奠定基础,不仅可以促进油茶初期的生长发育,而且可以明显影响以后的产量。整形修剪后,油茶落果率明显下降,单果重明显增加。由于修剪调节花果数量,增加了小年的结果量,缩小了油茶大小年产量的变幅。中国林业科学研究院亚热带林业研究所在浙江省武义市对油茶幼林的修剪试验表明:修剪后的幼林油茶,产量(按连续8年计算)比对照高产,自然圆头形提高40.32%,自然开心形提高5.09%,变侧主干形提高13.08%。

整形修剪的时间一般以油茶进入缓慢生长期到翌年春为宜,即11月至次年2月间为好。这段时间气温低,树液停止流动,不会产生伤流,伤口易愈合;同时还可减少感染病害的机会。由于养分集中,整形修剪后萌发的春梢一般都比较粗壮。

总之,油茶幼林修剪要因"树"制宜,随枝做形,剪密留疏,去弱留强,弱树较重剪,强树稍轻剪,促使保留的基础枝萌发良好的新梢。在方法上要掌握剪阴少剪阳、剪下少剪上、小空不大空的原则,通过全面考虑每个植株的情况来决定修剪程度。

油茶嫁接苗开花结实早,很多2年生苗圃中秋天就开花。2年生苗木定植后,通常当年就有60%开花,次年近全部开花。油茶植株在较好的立地条件和良好的栽培管理下,栽种3~4年就大量开花结果。但是过早开花结果,必然消耗树体营养,抑制树冠生长。为了使树体迅速形成丰产型树冠,集中营养用于抽枝壮枝,头3年幼林应及时将花蕾抹去。油茶花芽在叶芽基部呈桃形,生长粗壮;叶芽比较细长顶尖,抹去花芽时应注意加以识别。人工抹蕾非常费工,在新叶老化、花蕾迅速发育时可施600~800毫升/升乙烯利作化学抹蕾,经试验有一定的效果。

(3)间种与施肥。油茶幼林期间,可利用林地间隙种植绿肥、药材、油料等作物,以中耕施肥代替抚育,这样能有效地抑制杂草、灌木生长,提高土壤蓄水保肥能力,改善林间小气候,降低地表温度、提高林间湿度,从而促进油茶幼林根系和树体的生长发育,达到速生、早实的目的。林地间作能使培育的植物群落充分利用光能和合理利用土地,创造更多的财富。油茶间作更是以短养长、长短结合、以农促林、以林保农、繁荣山区经济的有效途径。油茶造林后一般4~5年才有收益,合理间作短收获期的作物,可提高经济效益,尽快收回营林投资。试验林调查结果表明,5年生油茶,由于坚持年年间作花生、黄豆等,油茶树高2米,生长旺盛,已开花结果;而相邻、条件基本一致、同时营造的另一片油茶,由于没有实行间作,5年生油茶树高仅40厘米左右,且生长不良,形成了鲜明的对照。据调查,林地间作油茶植株的氮、磷及蔗糖含量均比不间作的高,氮含量高出0.37%,磷含量高出0.15%,蔗糖含量高出0.13%。间种不仅可以改良土壤、提高肥力,还可使油茶增产,在幼林期采取间作的油茶林比不间作的产量提高1~2倍。

油茶、决明子间作

油茶幼林间作的主要目的是培育保护油茶幼林,其次才是抓早期收益。因此,间作时要注意在幼树周围留下一定的距离不要栽种,以免妨碍油茶正常生长。间作作物距树蔸的距离,造林初期控制在50厘米左右;随着油茶的长大,间作作物与树蔸的间距应逐渐扩大。间作时要及时施肥,花生、豆类的茎秆要堆沤还山,绿肥要压青,务必做到以山养山,提高林地肥力。各种降低油茶林地肥力的错误做法都要力求避免。

幼林间作时要注意选择和油茶没有共同病虫害的作物,以免形成新的中间寄主或新的传染病源。

间作绿肥应选耐干旱、贫瘠,生长快、长势旺而适于在酸性土壤生长的作物,如紫云英、肥田萝卜、印度豇豆、四方藤、印度猪屎豆、三叶猪屎豆、印度绿豆、日本菁等。种后30天就可以覆盖地面,每亩产鲜草

油茶幼林、大豆间作

1000千克以上。豆科绿肥根系庞大,有根瘤簇生,其代谢活动固定了空气中游离的氮元素,给土壤输送大量的氮元素和有机质。1亩豆科植物一年固定的氮元素相当于30~35千克硫酸铵,除供油茶生长需要外,还改善了土壤的物化性质。割草压青,给油茶施肥的效果非常明显。油茶间作花生、黄豆等作物对林地有良好的覆盖作用,可以防止土壤冲刷,降低地表温度,土壤有机质和含氮量也会有显著的提高。

幼林的间作物宜用短生育期的早熟品种,这些品种在干旱季节到来之前就能收获,否则常因不易实施大面积灌溉而减产,甚至颗粒无收。黄豆以

选择早熟的"六月黄"为好,因为它的成熟期避开了干旱的伏天,产量比迟熟的"六月黄"稳定。花生要选择生育期100~120天的小子花生。

油茶幼林套种芝麻

油茶、花生间种

目前,我国适合于油茶幼林间作的作物种类很多。由于各产区的气候条件、栽培习惯和种质资源不尽相同,各地可根据情况灵活选择。凡是植株矮小,枝叶稀疏,不过分荫蔽幼林,地下根幅小,生长量适中,吸肥不多的作物或者能提高土壤肥力的豆科植物,都可以在油茶幼林间种。

各种土壤的氮、磷、钾含量及其供应油茶需要的能力是不同的,这除与土壤中含有营养元素的多少有关外,还与气候、土壤pH都有很大的关系,如钾在土壤表层(15厘米以内)可能每亩含量达3300千克,但大部分以不能为植物利用的形式存在,而只有0.1%~2%的速效钾能被植物吸收。因此,对于低山丘陵的油茶林来说,施肥更显得重要。

实践证明:春梢中,在花芽形成分化及果实生长中,都需要大量的氮、磷、钾元素。因此,应根据油茶对营养需求的特点,结合土壤中各种养分的含量情况进行合理施肥。

造林头几年的施肥特别重要。因为油茶林地的土壤一般较为贫瘠,肥力很低,如不施肥,幼树容易变成小老树。可以结合中耕给幼林施肥,增加有机质,改良土壤,从而使幼树的根系生长得更好。

油茶林常用肥料有有机肥、无机肥和菌肥3种,有机肥如厩肥(猪粪、牛粪)、堆肥、人粪尿等。无机肥有尿素、硫酸铵、过磷酸钙、钙镁磷、硫酸钾等。菌肥有固氮菌剂、根瘤菌剂等。无机肥料中,尿素含氮量为46%,硫酸铵含氮量为22%~24%,硝酸铵含氮量为32.35%,过磷酸钙

适当增施有机肥

含磷量为18%~20%,钙镁磷含磷量为30%,磷矿粉含磷量为20%~28%,硫酸钾含钾量为48%,氯化钾含钾量为50%~60%,草木灰含钾量为11%,复合肥中氮、磷、钾的含量均在10%~15%。

幼林施肥应以腐熟的有机肥为主,有机肥不仅含有丰富的氮、磷、钾,还含有其他微量元素,肥效长,对改良土壤结构,提高肥力有很好的作用,而且来源广、成本低。化肥效果迅速、养分含量高,作为追肥效果很好。实际生产中,一般都以施农家有机肥为主,速效肥与迟效肥结合,有机肥与无机肥结合,从而获得了很好的施肥效果。

施肥可结合幼林抚育进行,集约经营的丰产林和试验林一年可以施肥2次。根据油茶幼林的生长特性,按生长发育的需要施肥。在冬季施有机肥,有机肥是油茶幼林整个生长期内营养的主要来源。一般每株油茶施农家肥10~20千克。在早春,春梢萌动之前增施一些氮肥,以供应抽梢展叶、花芽分化和果实生长的需要。可用人粪尿、过磷酸钙、尿素和硫酸铵等速效肥,每株100~400克,氮、磷、钾的比例以2:1:1为好。施肥采用干施法或湿施法均可,将化肥稀释成水溶液,施入土中或掺入人粪尿中浇施。另外,还可在生长季节根外追施化学肥料和植物生长激素,使养分直接被油茶叶片吸收,促使油茶生长发育。通常使用的化肥有尿素和磷酸二氢钾。尿素要选用不含二缩脲的尿素,因为二缩脲会灼伤叶子;施用浓度尿素为0.5%~1%、磷酸二氢钾为0.1%~0.3%,单独喷洒或混合施用都可以。使用机动喷雾器进行人工喷洒时要注意将肥料溶液均匀喷洒到叶片上,宜在晴天进行,喷后6小时内不下雨肥料就能很好地被吸收。用20~30毫升/升赤霉素或0.5~1毫升/升三十烷醇喷洒油茶叶片,能增强油茶对氮、磷、钾等元素的吸收能力,增强光合作用,促进根系发达,对促进油茶幼树抽梢发叶效果相当显著。施用三十烷醇的油茶高生长比对照提高16%。

为了及时了解油茶和土壤养分丰缺的情况,亦可采用营养诊断法,对油茶幼林和林地土壤进行科学分析,及时了解主要营养元素在植株内的含量和林地施肥状况,以便制订合理的油茶幼林施肥方案。在了解油茶和林地土壤缺肥情况后,做到缺什么补什么,缺多少补多少,以达到最经济、最有效的施肥效果。

（二）低产林的改造

1. 低产林改造

低产林是由于早期用实生种子造林，再加上经营管理程度不够而形成的，我国20世纪90年代以前所造的基本上是低产林。

我国的老油茶林，一般都不同程度地存在荒、老、残、疏、密、杂等问题，即荒芜已久、年龄过老、残缺不全、疏密不匀、林相紊乱、品种混杂、生长势衰弱，这些都影响了油茶的高产、稳产。而问题的焦点是管与不管或者说是如何根据不同情况妥善管理的问题。因此，对现有成林应根据不同情况，逐步加以改造。

没有精细管理的油茶老林

老林衰老树

低产林的改造，总的做法是：综合治理，分别对待。因为我国油茶成林面积大、范围广、林分情况不一致。所以，在改造的作法上应该首先摸清底子，然后综合分析，加以全面规划，采取分类经营，从而确定与各类低产林特点相适应的改造措施。

（1）第一类为林龄一致、有株行距的成林。这类林主要是加强土壤管理，适当修剪，增强树势，争取较大面积的增产。

对于立地条件较好、品种类型较优、林相比较整齐而密度不大的成林，可以采用施肥或间作等改造措施，以便发挥原有基础的优势，获得高产、稳产。

对于一穴多株的,可酌情逐步间伐,留优种去劣种,并进行适当修剪,从而使冠层加厚、结果枝增多,以达到高产、稳产的目标后。每次间伐的株数和最后保留的株数以少影响当前收益和减少劣种、劣株比重为原则。

(2) 第二类为株行距不均、疏密不匀、林龄不一的成林。这类林所占比重很大,情况错综复杂,故应区别不同类型,逐步改造。

① 改荒山为熟山。目前,我国各地油茶林荒芜的面积至少占总面积的一半以上。大面积的荒芜是造成低产的重要因素,如能及时、合理垦复,大面积增产将很快见效。但必须因地、因时制宜地采取与经营方式相适应的垦复方法。

对立地条件较好、林相较整齐、密度较稀、阳光充足、地势平坦的成林,除垦复、修剪外,可采取间作和施肥措施,以争取较大幅度的增产。

② 改混生林为纯林。以油茶为主的混生林,应砍除乔、灌木,挖去树蔸,以良种壮苗补植,并加强管理,以改造为通风透光、密度均匀的纯林。

③ 改密林、疏林为密度适中林。密度可根据地形、地势、立地条件、物种品种、经营方式、经营水平而定。但应以适中、均匀、充分利用地力和光能为

株行距应以适中、均匀、充分利用地力和光能为前提

油茶林栽植密度需合理

前提。对株行距整齐而过密的成林,可酌情隔行或隔株逐步间伐。对株行距不整齐而又过密的成林,可按预定的株行距水平环山垦复成带或梯,带或梯上的油茶保留,带、梯外的油茶逐步砍除。对于间伐行或间伐株的好树,可以暂时保留,分批淘汰;对于保留行或保留株的劣树,如无保留价值,则一次挖掉,以优株大苗或较有希望的幼树补植;对于有保留价值的劣株(如长势仍旺盛可作砧木者),可采优树枝条,实行高接换种。

在林间空地大的稀林,则按规格化的要求,定点补植良种壮苗或移植幼树。将栽植点上原有的好树保留,差的砍掉或换冠,空的补上。

④ 改老残林为新林。可分3个类型分别进行改造:

a. 对于品种类型较好、株行距较均匀、生长势不过于衰老的低产林,可采用截干萌芽更新或用火烧萌芽更新的方法。此法省工,2~3年植株就能开花结果,恢复产量快。萌芽更新的油茶林,经全垦后当年萌条高50~70厘米。浙江省常山、青田、文成等县,多数采用这种更新方法。在油茶树茎部5~10厘米处将其截断,第二年便有90%的伐根萌发新枝,第三年开始结实。5年来每亩油茶可产油10千克左右,比原来高1倍以上。

b. 对于品种差、林相乱而尚有一定产量的林分,可选育良种壮苗,实行

老林垦复低改

定点预栽。将碰在点上的老残株或劣株全部砍除,不在点上的老残株分批砍去。但预栽的幼树必须保证有必要的阳光,其上方遮光的老树枝条务必砍除,侧方庇荫的枝条需适度修剪,以利幼树茁壮成长。最好用3~5年生的大苗带土移植造林。

c.对于病虫害严重、植株稀疏不齐、生产能力极低的成林,则全砍、全垦、良种化、规格化重新造林。此外,对于老、中、青3种油茶并存的林分,可以采用自然交替更新的方法,即在衰老株周围已有结实的新株时,可逐步将衰老株砍去。此法简便易行,对产量影响较小。

⑤改劣种为良种油茶林。这种林劣株不少,严重影响高产、稳产,应根据不同情况逐步改造。对于密林,结合调整密度,去劣留优;对于生长势较旺盛的成林,采取良种高接换冠或萌芽条嫁接良种;对于老残林,结合老林更新,选育良种壮苗重新造林。

采取嫁接或育苗更新造林及嫁接换冠,宜采用5个以上优良无性系配置,选取系间亲和力高的配组进行混系造林或配系嫁接换种,以获得成果率高等效果。品种选择上以选用适合当地的农家品种为宜,也可选用通过试验适于当地栽植的外地良种。

⑥改低产树为高产树。按照油茶修剪的原则、方法,根据林分植株的特点,采用适宜的修剪技术,以改善油茶树体结构,形成枝叶均匀、通风透光、结果面大而厚的好树冠。

⑦改粗放管理为集约经营。油茶成林产量的高低,决定于造林、经营的水平。要求油茶产量高而稳,管理就不能粗放,应该根据不同的需要和可能、类型和情况,确定适宜的方式、方法,逐步为良种化、园艺化、规格化创造条件,进而达到集约经营,高产、稳产的目的。越来越多的实践证明,只要实行油茶林的分类经营,对其进行不同方式的改造,恢复产量的潜力是很大的。

(3)油茶林类型的划分及其相应的经营措施。尽管各地油茶林的情况错综复杂,但从经济、有效经营油茶林的角度出发,我们抓住对生产潜力影响较大、控制能力较强的主要指标(如每亩株数、叶面积指数、老病残株比例、郁闭度、立地条件、优良品种类型比重等)作为分类的根据,将油茶林综合划分为几个大的类型,以便在生产实践中应用。根据我国油茶林共性的特点,大体可将其划分为4个类型(见表6)。

表6 油茶林分类经营综合表

类型	主要指标						主要经营类型	备注
	每亩株数	叶面积指数	老病残株(%)	郁闭度	立地条件	优良品种类型(%)		
Ⅰ	80至160	3以上	10以下	0.7以上	好或较好	50以上	实行集约经营，因地制宜做好水工措施，如水平梯土、竹节沟或环山沟、鱼鳞梯等；修枝整形；施肥或间种绿肥；防治病虫害；良种壮苗补缺蔸等。有条件的用良种优株进行嫁接换冠	如每亩少于80株，但叶面积指数在2以上亦划入此类，林中空地多的可长期间作或以良种壮苗加密
Ⅱ	50以上	1.5以上	40以下	0.6以上	较好或一般	50以下	加强管理，因地制宜坚持抚育；用良种壮苗补缺蔸和适当增加密度；一般性的修枝；重点清除严重病虫株，并更替之	如其他指标较好，仅密度小而影响叶面积指数者，可加大密度并以良种更替劣株，加强管理，争取上升为Ⅰ类林
Ⅲ	40以上	1以上	50以下	0.5以上	一般或较差	50以上	一般性的抚育管理，补植和适当增加密度。陡坡易引起水土流失的林地宜穴垦或带垦，开环山沟，留出生草带不垦	此类林多属长期荒芜，基本丧失生产潜力的老残林
Ⅳ	40以下	0.5以下	60以上	0.4以下	差或一般	50以下	立地条件稍好的烧垦或全垦，重新造林，原有生产潜力的植株保留。立地条件差的封山育林或选适当树种造混交林	

注：① 老病残株是指树体各个器官明显显示衰老特征、病虫危害严重，或残缺不全，基本失去生产能力的单株。

② 立地条件的划分相当复杂，为便于现场观测鉴别和应用，立地条件好坏的分级主要从土层深浅、表层腐殖质土厚薄、土壤疏松或紧实、地被物繁茂或稀少、水土流失程度等方面综合衡量。

2. 大树嫁接换种技术

利用成龄大树作砧木,用优良无性系和新品种的当年春梢枝条进行嫁接换种,这种技术称为"大树嫁接换种技术"。这既是油茶低产林改造最成功的技术和经验,亦是营建采穗圃和收集山茶种质资源,建立基因库最成功的技术和方法。现在人们运用这一技术已繁殖出优良无性系、新品种和山茶大树30万株,在油茶良种化和美化绿化城市中发挥了积极的作用,取得了显著的经济效益和社会效益。这一技术在生产上已广泛应用。

高枝嫁接

(1) 砧木林及砧木的选择。为使接后良种穗条生长快、产量高、质量好,应选择长势旺盛的中年林(普通油茶15~20年生,越南油茶10~15年生)作砧木林,选用每株有3~6根开张形主枝(粗约3~4厘米)的树作砧木。砧木林地肥沃,株行距整齐,密度中等。

(2) 接穗的选择。应选择优良无性系、新品种母树树冠中上部,发育健全,无病虫害,粗度为0.2~0.3厘米的木质化或半木质化枝条作接穗。徒长枝、纤弱枝不宜选作接穗。采来备用的穗条,应区分株系包扎保湿。

(3) 嫁接方法。应用于大树嫁接的嫁接方法主要有切接、拉皮接、皮下枝接和撕皮嵌接等。前两种方法是断砧后再嫁接,后两种方法是嫁接成活后再断砧。这些嫁接方法都具有操作简便,容易掌握,成活率高,接穗生长快等

特点。现以切接法为例作一介绍。此法适用性广、效果好,操作方法如下:

① 削穗。将穗削成2~3厘米、两端成为耳形的一叶一芽短穗;然后在叶柄的对面一侧撕去或用刀削去宽0.2~0.3厘米的皮层,深及韧皮部,露出木质部。剪去1/3~1/2的叶片。

② 削砧。在嫁接部位先用布擦去表皮的尘土,再用单面刀片深切达木质部,用刀片朝侧向用力撬起树皮。

采来备用的穗条区别株系包扎保湿

已削好的断砧表面和削好的接穗

③ 插穗包扎。将削好的接穗插入树皮内,使砧木的皮部盖在接穗上,用塑料薄膜条包扎。包扎不宜过紧,以防伤及接穗。

一般插2~3个接穗

包扎绑带

④ 加罩保湿。在包扎后加绑一个塑料薄膜罩。成活后,当接芽抽梢生长到3~5厘米时便可去罩。解罩尽量在阴天或傍晚进行。

套上塑料袋保湿

在塑料袋上方,再加罩竹壳或牛皮纸遮阴,竹壳与塑料袋距离2厘米以上,以防日光灼伤接穗

⑤ 截砧和管理。接穗芽抽出以后就可截断其他枝条。接穗成活后要加强管理,防风折,防倾倒,防虫害,适当修剪,才利于形成树冠。随时抹除砧木上萌蘖,但接口附近的砧木萌蘖要暂时保留,以促进次生韧皮部生长,有利于砧木截口愈合。

保湿遮阴是嫁接成活的关键。夏季光照强,温度高,湿度低,对成活影响很大。为防止接穗水分蒸发,控制温度十分重要。据测定,适宜的光照强度为10000勒克斯,最适气温为25~28℃,最适湿度为80%~85%。保湿遮阴就是使接穗保持湿润,有利于形成层活动,尽早愈合。因此,嫁接时要注意保留上方枝叶,防止强光直射,起到遮阴保湿作用。

嫁接成活后的生长情况

大树嫁接成活后断砧愈合生长情况

大树嫁接成活,植株生长良好

(4) 嫁接时间。进行油茶嫁接宜在春梢、夏梢萌发的前15天进行。具体时间因嫁接方法而有不同。一般夏季(6月)嫁接成活率最高,因为此时形成层活动最为强烈,利于愈合,成活率高。在嫁接时,嫁接部位距地面的高度视接口处砧木的粗度而定,一般以保持接口处砧木的粗度在2~4厘米为宜。因此,大砧木嫁接部位可高些,小砧木嫁接部位可低些,以有利于接穗的生长和接口的愈合为准。否则会影响接穗的生长和发育。

3. 复合栽培技术

油茶林复合栽培,就是指除主体油茶外,在油茶林内进行间作套种,以种代管,保证油茶林经常性的抚育管理,达到一地多用、以短养长、长短结合、熟化土壤、提高肥力、增加收入,促进油茶生长发育的好办法。实践证明,在油茶林内进行合理间作,能起到多功能、多收益的效果。因此,在有条件的地方进行间种是值得大力提倡的。然而,间作要合理,特别要注意选择适宜在油茶林中间作的作物,增加肥料和轮作,作物与油茶要保持适当的距离。总之,作物种类和间作的方式均应以不与油茶争光、争水、争肥为原则,以促进土壤熟化和改良,达到油茶增产、高产的目标。

油茶成林间作作物的种类,一般以绿肥豆类为宜,但杂粮、油料、药材等可因地制宜地套种,在坡度较陡的林地,以绿肥豆类为主,比如紫穗槐、日本草、山毛豆、饭豆、红花首蓿、满园花等。在条件较好的地亦可种花生、黄豆、蚕豆、马铃薯等。

目前,油茶立体经营方式主要有以下几种类型:

(1) 油茶林间作花生、黄豆、芝麻等油料作物。

(2) 油茶林间套种番薯等粮食作物。

(3) 油茶林间套种中药、黄花菜等经济作物。

(4) 油茶与果树、茶叶混交。浙江省常山县林场大圩坞分场于1987年营建了20亩油茶与茶叶混交林。油茶为25年生实生林,株距3米,行距5~6米,每亩油茶30~40株。以密植型直播方式营建茶叶,对茶叶集约经营,油茶肥水条件

油茶、茶叶间作

相应得到改善,生长良好,油茶结实量增加。

为搞好油茶林的间作,除了提高经济效益,还要注意以下几点:

① 注意间作林地的选择,有些林地不一定适宜进行间作,对油茶、作物都可能产生不利。

② 间作作物的选择及其培育方法要适应油茶林特点。例如较疏的林地,阳光充足,宜种豆类等;在水肥好的地方,密度稍大的林地宜种玉米、砂仁等。

③ 为间作物创造良好的栽培条件。

④ 实行轮作,以充分利用地力和提高地力,如冬种绿肥,夏种花生等。

4. 树体复壮技术

油茶成林的修剪,包括修枝和整形。修枝是除去多余、无用的枝条;整形是整理或调整树形。

通过适当的修剪,使油茶树体结构良好、通风透光、养分集中、病虫减少,促进油茶生长发育,充分利用空间,使树冠上下内外立体结果,达到高产、稳产。

油茶修剪的方法应根据树形、树势、经营水平以及种、品种的生长习性灵活掌握。修剪成林以疏删轻剪为主,主要修去过密枝、下脚枝、重叠枝、病虫枝、干枯枝、寄生枝、衰老枝和无用的徒长枝。一般成林修剪的要领是:浓密的适当重剪,稀疏的轻剪;树冠下部和内膛适当重剪,树冠上中部和外缘轻剪,生长势弱的适当重剪,生长势旺的宜轻剪。

修剪的季节以冬春为宜。这个阶段气温低、湿度小,树液流动缓慢,病菌活动力弱,修剪伤口不易感染,容易愈合;果实尚小,修剪不易落果,此时花芽尚未分化,适当修剪可以多萌发春梢,多分化花芽,多开花结果。

修剪的步骤是:先剪下部,后剪中部;先剪树冠内部,后剪树冠外缘。总的要求是:小空、均匀、通风、透光,增加光能利用、增大结果体积。

修剪应注意的事项:

(1) 每次修剪的强度不宜过大,以免过多消耗养分和削弱光能利用。

(2) 油茶花芽多集中分布在枝梢顶端,故宜疏删,不宜短截。

(3) 修剪要与垦复、施肥、间作和防治病虫害等措施配合,以便尽快恢

树干涂白可防止树干冻害（冬季）或日灼（夏季），如果加入适量灭菌剂和杀虫剂，还可防止干部病害的发生

修剪口要平滑

老树修剪涂白

复树势，形成较理想的树体结构。

（4）修剪的切口要平滑。因此，根据枝条不同部位和大小，应分别用刀、剪、锯结合的方法修剪，修剪工具要锋利。

（5）修去的病虫枝尽快搬出林外妥善处理，最好烧毁。

（6）修剪后应加强树体管理，及时除萌、抹芽，以防养分分散和干扰树形。

5. 林地清理及密度调控技术

清理林地、搞好林内环境条件非常重要，这也是防治病虫发生和发展的关键之一。林地清理工作可结合冬挖和夏铲进行。

林相是否整齐，关系到光能和地力的利用，也影响油茶的产量和质量。然而，现有的大面积成林，往往不是过稀、过密，就是分布不均匀，缺株相当普遍，林相极不完整。据调查，在立地条件、品种类型、栽培措施大致相同的情况下，每亩油茶株数多的有200多株，少的只有30~50株，因而同样也达不到高产。因此，调整密度、改造林相是提高单产的重要措施。

成林的密度应根据品种、立地条件、经营水平、经营方式、林龄等因素综合分析，根据林分现状加以调整。密的适当间伐，留优去劣，疏的以良种壮苗补植。同一个地方，

成林需密度合适、林相完整

应在油茶林改造时,先要调查需要疏林的情况、搞清要补植的株数,提早做准备。不论间伐或补植,都要力求分布均匀、株行距整齐或相对整齐。普通油茶一般每亩保持在100株左右,越南油茶每亩保持在40~60株,攸县油茶每亩保持在400~600株。

6. 病虫害控制技术

油茶病虫害较普遍,危害较严重,会造成大量花、果脱落或干枯,甚至死亡。据观察,油茶落花、落果率达70%~80%,其中由病虫害引起的约占1/3,必须采取有效措施进行防治。油茶病虫害的防治,应贯彻防重于治的方针,采取以营林技术为基础,与生物、药物防治相结合的综合防治措施,力求"治早、治小、治了"。主要应注意以下几点:

(1) 加强经营管理,改善环境条件。病虫害的发生、发展与树势、林相和环境关系密切。油茶炭疽病在老残林中发生严重,在高温、高湿季节蔓延最快。煤病、软腐病在多雨、湿润的季节和环境中发生严重。象鼻虫多栖息在密林中。因此,在防治的策略上,应创造一个有利于油茶生长发育的环境条件,以增强树势,从根本上提高抗油茶病虫的能力;同时形成不利于病虫滋长和蔓延的环境条件,以减少病源、虫源,抑制其发展。在抓好土壤管理和改造林相、树体的同时还要注意改善林地卫生环境。对严重的历史发病株,宜砍除烧毁。尺蠖、象鼻虫以幼虫在土表越冬,所以冬挖对防治病虫也有效。

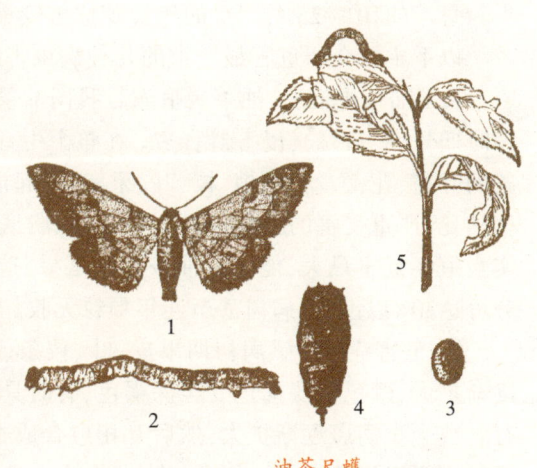

油茶尺蠖

1. 成虫　2. 幼虫　3. 卵　4. 蛹　5. 危害状

(2) 抓好检疫工作,选育抗病品种。严防带病种苗调进或调出,生产种子应实行检疫制度。

(3) 保护利用天敌,进行生物防治。生物防治经济有效,副作用小,值得

推广。煤病多由介壳虫和蚜虫引起并传播,保护和培育黑绿瓢虫、大红瓢虫等天敌,能抑制介壳虫的繁衍,从而减轻煤病危害。油茶尺蠖可利用寄生蜂、寄生蝇、杀螟杆菌、姬蜂等防治。

(4) 掌握病虫规律,及时进行防治。防治病虫害,首先要掌握其发生规律,才能抓住薄弱环节,适时有效地采取措施,起到事半功倍的效果。炭疽病的病源主要在树上带病的器官中越冬,通过风雨和昆虫的活动进行传播。因此,要注意清除病源,冬季垦复修剪、深挖、深埋或烧毁带病源的枝、叶、蕾、芽和果实。同时要注意做好防虫工作,尤其是带菌传播的象鼻虫、金花虫。还要抓住时间,在发病前和发病盛期进行药物防治。象鼻虫有假死性,在成虫大量出现时,可摇树振落捕杀;在老熟幼虫出果入土越冬时,待幼虫入土后用药剂杀灭;或在稻田晒果,待幼虫入土后引水灌田,淹死幼虫。

油茶低产的原因是多方面的,病虫害引起的严重损失是重要原因之一。据调查,我国危害油茶的病虫害种类很多,造成损失较大的有油茶炭疽病、煤病、软腐病、油茶毒蛾、油茶尺蠖、茶蚕等近20多种,每年造成油茶损失为总产的10%~25%,严重的年份及危害较重的少数产区达30%以上。

以下主要介绍危害最严重的几种病虫害的防治方法:

(1) 油茶炭疽病。油茶炭疽病是我国油茶产区最主要的病害。特点是危害时期长(3~11月),侵害器官多。在整个生育期内,病原菌反复多次侵染油茶的叶花、花蕾、幼果、梢、枝、叶、果实,引起油茶落叶、落芽、落蕾、落果、枝梢枯死,严重受害的植株,枝干部大面积溃疡,导致整株枯死。其中又以果实炭疽病危害最大,能引起油茶大量落果,造成减产达20%,受害严重的林分可达30%以上,重病树甚至连年颗粒无收。

① 危害症状:感病初期果皮、叶、枝条、树干等出现褐色小点,后病斑逐渐扩大,颜色由淡褐色变至深褐色,有时具有轮纹。典型的病斑呈圆形,有时数个小病斑逐渐扩大,然后互相愈合成不规则形的大病斑。后期病斑局部出现黑褐色小点。树干病斑可发生在地面以上树体的任何部位,一般从伤口侵入,也可从枝干上一级枝条向下扩展。患部下陷,木质部变黑,表面粗糙,边缘不整齐,有波状轮纹。如果溃疡斑向横向扩展,环绕树干一周,则整株枯死。病枝、病干的溃疡斑在温、湿度条件适宜时也能产生黏质粉红色的分生孢子堆。

病叶

感病幼果

病芽

病梢

油茶炭疽病

② 防治方法：由于油茶炭疽病分布广，危害面积大，发生期长，能侵害油茶各个部分的器官，防治起来很困难。目前又因油茶产量不是很高，大面积的药剂防治条件尚不成熟。因此，选育和推广抗病品种，是当前行之有效的措施。同时适时喷药、保护果实。在秋末喷洒内吸杀菌剂，不仅能有效地减少幼果内潜伏病菌的数量，而且会推迟发病始期，减轻后期病情。一般可用50%多菌灵可湿性粉剂500倍液于11月上、中、下旬喷药，防治效果可达70%以上。根据油茶炭疽病的潜伏期，于初夏果病高峰期前10天左右开始喷药防治，防治效果也比较明显，喷药防治一般在6月下旬开始。药剂及防治方法如下：

a. 1%波尔多液加2%茶枯水,15天喷一次,连喷3~4次。

b. 50%退菌特可湿性粉剂300倍液或50%多菌灵500倍液,10天一次,连喷4~5次。

此处还可采用"803"烟雾剂进行防治。该药剂以2,4-D丁酯为主,以硝酸铵和五氯酚钠配剂而成。对炭疽病菌的分生孢子有明显的抑杀作用。3月下旬、4月中旬及9月上中旬各放一次烟,每次每亩用药1千克,平均保果效果达41.7%,平均每亩增值3.56~6.66元,效果较好。

(2) 绿鳞象甲。又名蓝绿象甲、绿绒象甲,俗称大青象鼻虫、棉绿象鼻虫、桃象虫,属鞘翅目,象甲科。

① 危害症状:主要在油茶果内咀食种仁。成虫喜荫蔽、潮湿的环境。

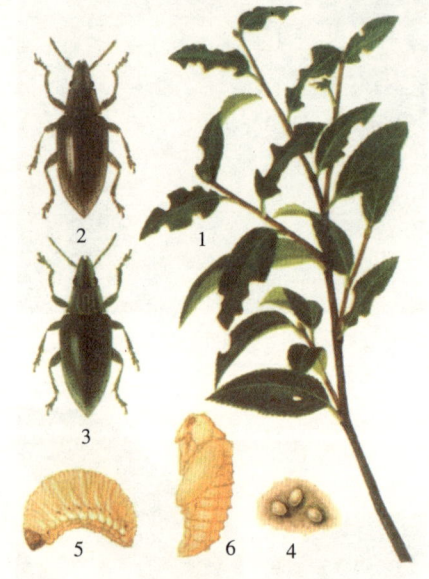

绿鳞象甲(黄启民绘)

1. 油茶被害状 2、3. 两种色型成虫 4. 产在土内的卵 5. 幼虫 6. 蛹

其飞翔力弱,有假死性。雄虫对糖醋酒液有正趋性,雌虫较迟钝;雌雄成虫对光源有负趋性。成虫取食15~20天后开始交尾,一般以早上10时与下午5时较多,交尾后约10天产卵,两性均可交尾多次。一般每只雌虫产卵一次,每孔产卵1~2粒。一雌虫能产卵27~124粒,同时有腹卵2~4粒。卵期为13~22天,孵化时以午后最盛;孵幼食量小,3龄后食量大增;一头幼虫能咀食2~4个茶果。

绿鳞象甲幼虫

② 防治方法：

a. 人工捕捉。油茶象鼻虫有假死的特性，可人工捕杀。

b. 药剂防治。在成虫盛发期，即4月中下旬，于晴天上午8~9时或下午4~5时，可用50%马拉松或90%敌百虫或80%敌敌畏800~1000倍液，或50%杀螟松乳剂800倍液，或50%二溴磷乳剂1000~1200倍液，或稻丰散乳油1000倍液喷雾防治。

(3) 油茶蓝翅天牛。又名黑附眼天牛、茶红颈天牛，俗称钻心虫、茶节结虫，属鞘翅目，天牛科。

① 危害症状：油茶蓝翅天牛以幼虫蛀食油茶树枝条，受害重者易风折。除危害油茶外，该虫亦危害茶树、枫杨。成虫羽化后3天方出虫道，白天活动，中午及午后活动最盛，成虫咀食叶背主脉，但食量不大。雌虫产卵前先用上颚将树皮咬出伤痕，将卵产于伤痕中缝的皮层下，每缝一粒。一只雌虫可产卵12~20粒，产卵枝直径一般为13~17毫米。幼虫孵化后先从产卵点开始，在树皮下绕树干蛀食一圈，再循原道返回产卵点附近，向上蛀入木质部中心，然后一直向下蛀食。皮层由于受幼虫蛀食一圈的刺激，受害处会增生，形成肿大的环节状，故有"节结虫"之称。被害枝一般不会枯死，但叶色黄绿，生长缓慢，易遭风折。第一年蛀道长为17~21厘米，到幼虫老熟时，蛀道可长达33~42厘米，化蛹前先在上部做一蛹室，羽化前在蛹室上方咬一圆形羽化孔，孔径约5毫米。

皮层由于受幼虫蛀食一圈的刺激，形成肿大的环节状

蓝翅天牛蛀食出的蛀道

蓝翅天牛蛀入木质部中心

蓝翅天牛危害枝叶

② 防治方法：

a. 人工刮除幼虫。每年7月上、中旬，即幼虫尚未蛀入木质部之前，在产卵伤痕处与其周围刮除幼虫，既方便，效果又好。秋冬结合修剪，剪除被害枝集中烧毁。据湖南省茶陵县二仙林场实践，该项措施连续坚持3年，防治效果高可达90%。

b. 药剂防治。于4月中下旬即成虫产卵前，采用涂白剂涂刷枝条，以防产卵。涂白剂配制如下：生石灰5千克（用水化开），硫磷粉0.5千克，牛胶0.3千克，加水20千克调成即可。涂白剂也可涂刷产卵痕，既杀卵又杀孵幼。另外，或喷洒50%溴磷乳剂1500倍液，或25%亚胺硫磷乳油1000倍液，也可杀成虫和卵。

7. 集约经营和科学管理

加强对油茶林的经营管理，是油茶丰产的重要保证。粗放经营的油茶，生长慢，开花结果晚，产量低，盛果期短，大小年显著，容易衰老。集约经营的油茶，丰产期早，产量高，盛果期长，大小年不太显著。油茶是"勤劳树"，秋冬之间果实成熟，接着开花，具有"抱子怀胎"的特点，所以一年到头生长发育，循环不息，需要消耗大量的水分、养分。据分析，结50千克茶果，需要从土壤中吸取氮6.55千克，磷0.43千克，钾1.71千克。而一般油茶林地有机质少，氮、磷、钾含量偏低，远远不能满足油茶高产的要求。因此，加强油茶林的管理，实行集约经营，特别是在做好土壤管理的前提下，进行合理的施肥和间作,以保证油茶丰产所必须的水分和养分。

油茶丰产林,由于坚持集约经营,合理垦复、施肥、间作,故林地肥力较高。土壤中的大量元素除供油茶消耗以外,仍存有丰富的氮、磷、钾。研究表明,油茶每亩产量超过50千克的丰产林中,每亩土壤还分别"库存"大量氮、磷、钾元素,特别是钾的"库存"量相当高。这些丰富的元素,通过根系的吸收,输送到地上部分,形成了茂密的枝叶,从而保证了油茶丰产的需要。

在油茶集约经营的各项措施中,以施肥投资占的比重较大,这是否经济合算,能不能推广应用仍值得研究。据浙江省常山县油茶研究所试验,每增产0.5千克茶油则需标准氮、磷肥各0.5千克。这说明合理施肥有助于油茶增产。如果条件适宜,在林内结合间作适当作物,经济效益将会更可观。

采取集约经营,用工、投资要求较多,在生产上能否推广,这要对林分的投资和收益作具体分析。如果林分在生态环境、立地条件、品种类型、林相和树体结构等方面都具有优势,再加上集约经营、科学管理、给予良好的栽培条件,该林分能获得丰产,并且在一定的年份内能保持相对稳定的产量和较好的经济效益;那么,这种集约经营不但能够推广,而且值得提倡。广东省广宁县下碴寨5.45亩丰产林就是一个很好的例子。1968年该油茶林建植在立地条件较好的地块,选用优良类型,采用带状整地,按2米×2米造林,每亩166株。造林当年种木薯及红豆,间作6年。间作结束后坚持每年抚育1~2次。1979~1980年修枝整形,抚育成梯,搞"三保"(保水、保肥、保墒)山,进行施肥及防治病虫害。1980年施肥后全部林地覆盖稻草。因此,该油茶林林相整齐,树体结构良好,生势旺盛,1974~1979年每年平均亩产油为31.7千克(13.5~51.1千克)。1981~1983年每亩产油分别为20.1千克、23.9千克和21.5千克。9年平均每亩年产油为29.2千克。

在具备条件的林地,设置喷灌系统,于旱季进行喷灌,是集约经营中值得探讨的问题。据中南林学院经济林研究所及汉寿县林业科学研究所于1980年在该所四纪红壤上试验,旱季喷灌的油茶老林比不喷灌的油茶老林增产27.62%和15.17%。通过喷灌,使油茶在"七月干球、八月干油"的情况下获得充足的水分,因而减少落果,从而增产。时间证明,旱季不喷灌的土壤平均含水量为11.95%,为该土类田间持水量的64.2%。喷一次水的土壤平均含水量为18.20%,为田间持水量的65%。喷多次水的土壤含水量为20.2%和

油茶林喷灌设施

18.59%,是田间持水量的72.14%和66.39%。由此可知,油茶适宜生长的土壤湿度,应为田间持水量的70%左右,田间持水量的65%可作为喷灌下限(即土壤平均含水量为该土类田间持水量的65%时就要喷灌)。

很明显,旱季喷灌有利于油茶的生理作用和增产。但是否进行喷灌,还需考虑以下几个条件:

(1)设置喷灌的油茶林,必须有较大的增产潜力,林相、密度、土壤肥力、年龄和经营水平都必须达到较好的水平,这样历年总产量的产值能补偿购置喷灌设备的投资。

(2)有充足的水源,以保证喷灌水的及时供应。

(3)喷灌系统及其有关装置既要考虑节水,又要使喷灌均匀,最大限度地满足油茶旱季水分的需要,充分发挥其增产潜力。

油茶林中的蓄水池

8. 茶果的采收与处理技术

油茶物种和品种不同,果实成熟期也不一样。由于生长的立地条件和当年气候的影响,同一物种在不同年份,果实成熟的早迟也有差别。普通油茶中的霜降种群一般在10月20日前后成熟,寒露种群在10月上旬(寒露节前后)成熟,浙江红花油茶于9月中下旬成熟,攸县油茶一般在11月初成熟,越南油茶在11月中旬成熟。普通油茶种子,在10月上旬时,胚已发育完善,具有发芽能力,种仁含油率只有30%~35%,这时是生理成熟。到10月20日前后时,含油率达到最高峰,至种子自然脱落为完全成熟,这时采收最好。果实成熟期常因当年气候的影响而有时提前或推迟3~5天,这应根据当年的天气和果实成熟情况而定。一般在高温、干旱年份果实会提早成熟,低湿阴雨往往会推迟成熟期;低纬度、低海拔地区成熟期会较早些,高纬度、高海拔地区则相对迟些。

果实裂开,已成熟可采

油茶必须在充分成熟的时候采收,才能获得最高的含油率和较优的品质。采收的时间不同,茶籽含油率和油脂酸价将大不一样(见表7)。

表7 普通油茶不同时期采果含油率的变化

(广西林业科学研究所,1980年)

类　型	采收日期	出仁率(%)	水分(%)	种仁含油率(%)	酸价
霜降红球	9月23日	60.90	12.06	30.9063	7.2979
	9月28日	63.94	10.89	35.8925	2.0678
	10月1日	65.62	10.02	42.4995	1.3795
	10月17日	66.93	9.31	44.1122	1.2302
	10月24日	70.22	9.22	50.6169	1.2127
软枝油茶	10月9日	60.20	11.30	43.5817	2.0032
	10月18日	64.60	10.45	44.4941	0.7489
	10月23日	66.00	9.42	49.2967	0.7720
	10月30日	67.73	9.36	50.7113	0.2532
	11月7日	68.13	8.68	50.4739	0.2505

果实采收以后,应及时妥善处理。尽快从果实中取出种子,清理杂物,及早贮藏,以免发热变质、降低种子质量。刚采下的茶果一般含水量达45%~

晒果

55%。为加速茶果开裂,缩短晒果时间,可先将茶果堆放在室内,后熟2~3天,然后摊晒或晾晒,果实失水后便自然开裂。取出种子以后,将其进行日晒。在日晒的头4天里,种子平均每天失水率为10%左右。当含水量降到12%以下时,每天失水率为1%,也就是说种子含水量越高失水就越快。所以必须尽快晾晒取出种子,并使种子含水量保持在30%左右的安全含水量范围内。种子取出以后,再对其进行粒选,过筛风净,去掉小粒、空粒、果瓣等杂质,使种子纯度达到95%以上。

种子是活的有机体。贮藏期间种子的生命力主要表现在微弱的呼吸作用。它能吸收空气中的氧气,分解自身内部的有机化合物,放出二氧化碳和热能。因此,种子处理好以后,应尽快进行榨油。

调运种子时,务必使种子的含水量保持在安全含水量的30%以内,盛放在有一定保湿能力而又散热良好的箩筐内;调运时间应尽量缩短,一般不宜超过6~7天。长途运输以果实运送为宜,到目的地以后再及时处理。这类种子到达目的地后,其发芽率都在95%左右。如干籽调运时(这时的含水量在12%~14%),途中要防止日晒雨淋,以防发热,降低品质。

附录 国家林业局林木品种审定委员会审(认)定的油茶良种名录

序号	良种名称	良种编号	选育单位	适生区域
1	岑溪软枝油茶	国 S-SC-CO-001-2002	广西林业科学研究院	广东连县,广西南宁、桂林,江西赣州、南昌,福建闽侯、贵州贵阳、湖南长沙,浙江富阳,安徽黄山,湖北武昌,河南新县
2	GLS赣州油1号	国 S-SC-CO-012-2002	江西省赣州市林业科学研究所	江西南部
3	GLS赣州油2号	国 S-SC-CO-013-2002	江西省赣州市林业科学研究所	江西南部
4	桂无2号	国 S-SC-CO-011-2005	广西林业科学研究院	广西、湖南、江西等省、自治区的油茶产区
5	桂无3号	国 S-SC-CO-012-2005	广西林业科学研究院	广西、湖南、江西等省、自治区的油茶产区
6	桂无5号	国 S-SC-CO-013-2005	广西林业科学研究院	广西、湖南、江西等省、自治区的油茶产区
7	湘林1	国 S-SC-CO-013-2006	湖南省林业科学院	南方油茶中心产区
8	湘林104	国 S-SC-CO-014-2006	湖南省林业科学院	湖南北部、东北部,中部和广西北部,江西西部等寒露籽传统产区
9	湘林XLC15	国 S-SC-CO-015-2006	湖南省林业科学院	我国南方油茶中心产区
10	湘林XLJ14	国 R-SF-CO-005-2006(认定5年)	湖南省林业科学院	南方油茶中心产区
11	湘林5	国 R-SF-CO-006-2006(认定5年)	湖南省林业科学院	我国南方油茶中心产区
12	赣石84-8	国 S-SC-CO-003-2007	江西省林业科学院	江西、湖南油茶适生区
13	赣抚20	国 S-SC-CO-004-2007	江西省林业科学院	江西、湖南油茶适生区
14	赣永6	国 S-SC-CO-005-2007	江西省林业科学院	江西、湖南油茶适生区
15	赣兴48	国 S-SC-CO-006-2007	江西省林业科学院	江西、湖南油茶适生区
16	赣无1号	国 S-SC-CO-007-2007	江西省林业科学院	江西、湖南油茶适生区
17	GLS赣州油3号	国 S-SC-CO-008-2007	江西省赣州市林业科学研究所	江西南部

续表

序号	良种名称	良种编号	选育单位	适生区域
18	GLS赣州油4号	国S-SC-CO-009-2007	江西省赣州市林业科学研究所	江西南部
19	GLS赣州油5号	国S-SC-CO-010-2007	江西省赣州市林业科学研究所	江西南部
20	亚林1号	国S-SC-CO-011-2007	中国林科院亚热带林业研究所	湖南、江西、浙江、广西等省、自治区油茶适生区
21	亚林4号	国S-SC-CO-012-2007	中国林科院亚热带林业研究所	湖南、江西、浙江、广西等省、自治区油茶适生区
22	亚林9号	国S-SC-CO-013-2007	中国林科院亚热带林业研究所	湖南、江西、浙江、贵州等省、自治区油茶适生区
23	岑软2号	国S-SC-CO-001-2008	广西林业科学研究院	广西、湖南、江西、贵州等省、自治区油茶适生区
24	岑软3号	国S-SC-CO-002-2008	广西林业科学研究院	广西、湖南、江西等省、自治区油茶适生区
25	桂无1号	国S-SC-CO-003-2008	广西林业科学研究院	广西、湖南、江西等省、自治区油茶适生区
26	桂无4号	国S-SC-CO-004-2008	广西林业科学研究院	广西、湖南、江西等省、自治区油茶适生区
27	长林3号	国S-SC-CO-005-2008	中国林科院亚热带林业研究所	浙江、江西、广西等省、自治区油茶适生区
28	长林4号	国S-SC-CO-006-2008	中国林科院亚热带林业研究所	浙江、江西、广西、福建、湖南、湖北等省、自治区油茶适生区
29	长林18号	国S-SC-CO-007-2008	中国林科院亚热带林业研究所	浙江、江西、广西、福建、湖南、湖北等省、自治区油茶适生区
30	长林21号	国S-SC-CO-008-2008	中国林科院亚热带林业研究所	浙江、江西油茶适生区
31	长林23号	国S-SC-CO-009-2008	中国林科院亚热带林业研究所	浙江、江西油茶适生区
32	长林27号	国S-SC-CO-010-2008	中国林科院亚热带林业研究所	浙江、江西、广西、福建、湖南等省、自治区油茶适生区
33	长林40号	国S-SC-CO-011-2008	中国林科院亚热带林业研究所	浙江、江西、广西、湖南等省、自治区油茶适生区
34	长林53号	国S-SC-CO-012-2008	中国林科院亚热带林业研究所	浙江、江西油茶适生区
35	长林55号	国S-SC-CO-013-2008	中国林科院亚热带林业研究所	浙江、江西、广西等省、自治区油茶适生区
36	赣州油1号	国S-SC-CO-014-2008	江西省赣州市林业科学研究所	江西、广东、福建油茶适生区
37	赣州油2号	国S-SC-CO-015-2008	江西省赣州市林业科学研究所	江西油茶适生区

续表

序号	良种名称	良种编号	选育单位	适生区域
38	赣州油6号	国S-SC-CO-016-2008	江西省赣州市林业科学研究所	江西油茶适生区
39	赣州油7号	国S-SC-CO-017-2008	江西省赣州市林业科学研究所	江西、广东、福建油茶适生区
40	赣州油8号	国S-SC-CO-018-2008	江西省赣州市林业科学研究所	江西、广东、福建油茶适生区
41	赣州油9号	国S-SC-CO-019-2008	江西省赣州市林业科学研究所	江西油茶适生区
42	赣8	国S-SC-CO-020-2008	江西省林业科学研究院	江西、湖南、广西等省、自治区油茶适生区
43	赣190	国S-SC-CO-021-2008	江西省林业科学研究院	江西、湖南、广西等省、自治区油茶适生区
44	赣447	国S-SC-CO-022-2008	江西省林业科学研究院	江西油茶适生区
45	赣石84-3	国S-SC-CO-023-2008	江西省林业科学研究院	江西油茶适生区
46	赣石83-1	国S-SC-CO-024-2008	江西省林业科学研究院	江西、湖南、广西等省、自治区油茶适生区
47	赣石83-4	国S-SC-CO-025-2008	江西省林业科学研究院	江西、湖南、广西等省、自治区油茶适生区
48	赣无2	国S-SC-CO-026-2008	江西省林业科学研究院	江西、湖南油茶适生区
49	赣无11	国S-SC-CO-027-2008	江西省林业科学研究院	江西、湖南油茶适生区
50	赣兴46	国S-SC-CO-028-2008	江西省林业科学研究院	江西、湖南油茶适生区
51	赣永5	国S-SC-CO-029-2008	江西省林业科学研究院	江西油茶适生区
52	湘林51	国R-SC-CO-001-2008(认定3年)	湖南省林业科学院	湖南油茶适生区
53	湘林64	国R-SC-CO-002-2008(认定3年)	湖南省林业科学院	湖南油茶适生区
54	XLJ2	国R-SC-CO-003-2008(认定3年)	湖南省林业科学院	湖南油茶适生区

注：除了通过国家良种审定外，各省、自治区和中国林科院还选育了一大批油茶良种，这些良种许多通过省级林木育种审定，包括亚林、湘林、赣无、桂无、闽优等。此外，早期各地还筛选出一批农家品种，如岑溪软枝油茶、衡东大桃、永兴中苞红球、葡萄茶、巴陵油茶、龙眼茶、宜春白皮中子、望谟油茶、石市红皮油茶、安徽大红等。在没有经国家审定的良种的地区进行区域示范，也可选用以上无性系良种。当地如无主栽良种，可选用当地农家品种作为对照。